Erfolgreich im Homeoffice

Christian Eigner

Erfolgreich im Home Office

Alles über mobiles Arbeiten, Work-Life-Balance, Recht und Technik

Inhaltsverzeichnis

22

Damit es mit dem Homeoffice klappt, müssen wichtige Rahmenbedingungen stimmen. Unsere Tipps erleichtern Ihnen den Beginn.

67

Mit Kollegen und Vorgesetzten virtuell zu kommunizieren will gelernt sein. Doch wer ein paar Regeln beherzigt, bleibt auch per E-Mail, Messenger und Video-Chat erfolgreich in Kontakt

127

Standort, Möbel, technische Ausstattung – lesen Sie, wie ein zweckmäßiger und ergonomischer Heimarbeitsplatz aussieht.

36

Auch zu Hause produktiv zu arbeiten – das erfordert gutes Selbstmanagement. Mit bewährten Techniken lassen sich Konzentration und Motivation gezielt steigern.

87

Damit Job und Privatleben in der Balance und Sie selbst gesund bleiben, heißt es, aktiv gegenzusteuern und sowohl körperliche als auch seelische Gesundheit im Blick zu haben.

165

Mit dem Heimbüro lassen sich kräftig Steuern sparen. Neben Möbeln und Technik sind auch Kosten fürs Arbeitszimmer absetzbar. Hier finden Sie alle Tipps, inklusive Corona-Sonderregelungen!

Was wollen Sie wissen?

Zu Beginn der Covid-Pandemie zogen Millionen Beschäftigte ins Homeoffice um. Dort warteten eine Menge Herausforderungen auf sie – vom Einrichten des Arbeitsplatzes über neue Formen des Kommunizierens bis zur oft schwierigen Trennung von Berufs- und Privatleben. Hier lesen Sie im Überblick, wie Homeoffice in der Praxis funktioniert.

Gelten für alle im Homeoffice Tätigen einheitliche Regeln?

Nein. Das liegt vor allem daran, dass der Begriff „Homeoffice" nicht gesetzlich definiert ist. Folglich arbeiten Menschen unter sehr unterschiedlichen Rahmenbedingungen in den eigenen vier Wänden. Richtet der Arbeitgeber Beschäftigten zu Hause einen Arbeitsplatz ein, überlässt ihnen IT-Technik zur Nutzung und trifft mit ihnen vertragliche Regelungen zu Arbeitszeit, Erreichbarkeit und anderen Fragen, werden diese zu „Telearbeitern" mit bestimmten Rechten und Pflichten. Existiert keine „Homeoffice-Vereinbarung", sind Beschäftigte meist ganz allgemein „mobil" tätig, richten häufig ihren Arbeitsplatz selbst ein und nutzen teilweise sogar ihren privaten Computer. Informationen zu weiteren Formen des ortsflexiblen Arbeitens finden Sie in diesem Buch auf den Seiten 18 bis 21. Über rechtliche Rahmenbedingungen – zum Beispiel Fragen der Arbeitszeit und des Arbeitsschutzes, aber auch zu den Themen Datenschutz und Überwachung durch den Arbeitgeber – können Sie sich im Detail ab Seite 151 informieren.

Muss mir mein Arbeitgeber erlauben, einige Tage pro Woche im Homeoffice zu arbeiten?

Nein. Grundsätzlich darf er entscheiden, wo Mitarbeiter ihre Arbeit verrichten sollen – also auch, ob Homeoffice möglich ist. Ein allgemeiner Rechtsanspruch existiert zwar weiterhin nicht – doch die Pandemie hat gezeigt, dass sich viele Tätigkeiten zumindest teilweise ebenso gut von zu Hause aus erledigen lassen. Dadurch erlebte das Homeoffice einen regelrechten Boom. Experten gehen deshalb davon aus, dass es Teil der Arbeitswelt bleiben wird – für die meisten jedoch nicht als Dauerzustand, sondern als tageweise Alternative zum Büro. Homeoffice setzt stets die Zustimmung beider Seiten voraus. Auch der Arbeitgeber darf niemanden gegen seinen Willen dazu zwingen. Weigert sich etwa ein Angestellter, die angeordnete dauerhafte Telearbeit zu verrichten, darf ihm deshalb nicht gekündigt werden (LAG Berlin-Brandenburg, Az. 17 Sa 562/18).

Ist Arbeiten im Homeoffice grundsätzlich für jeden sinnvoll?

Je höher der Anteil an Bildschirmarbeit, desto eher lässt sich ein Job im Homeoffice verrichten. Umfragen zufolge steigen dort meist Produktivität und Arbeitszufriedenheit, während gleichzeitig die Gefahr wächst, länger zu arbeiten und Job und Privates zu vermischen. Details lesen Sie ab Seite 22. Nicht im Homeoffice erledigen lassen sich Berufe wie Krankenpfleger oder Verkäuferin, weil sie den Kontakt zu Patienten oder Kunden voraussetzen. Gegen Homeoffice sprechen kann auch, dass jemand nicht genügend Selbstdisziplin besitzt, um allein zu Hause zu arbeiten (Selbsttest auf Seite 23). Und bei vielen Menschen lassen die räumlichen Verhältnisse das Einrichten eines Arbeitsplatzes nicht zu.

Welche persönlichen Eigenschaften sind im Homeoffice gefragt?

Am produktivsten sind Menschen, die in der Lage sind, auch ohne ständige Kontrolle und vorgegebene Abläufe strukturiert und motiviert zu arbeiten. Dazu gehört es, sich Ziele zu setzen, Aufgaben zu priorisieren und seine Zeit sinnvoll auf deren Erledigung zu verteilen (ab Seite 30). Dabei können Arbeitstechniken wie die SMART-Formel und die Pomodoro-Technik helfen, die ab Seite 36 vorgestellt werden. Ein großer Störfaktor im Homeoffice sind Ablenkungen. Um sich gegen sie zu wappnen, gilt es, sein Arbeitsumfeld zu optimieren und die Aufmerksamkeit zu schärfen. Wie das funktionieren kann, verraten wir ab Seite 47.

Wie kann Teamarbeit auf Entfernung funktionieren?

Die wenigsten Menschen streben an, jeden Tag im Homeoffice zu arbeiten. Zu sehr macht sich auf Dauer das Fehlen von Face-to-Face-Kontakten zu Vorgesetzten und Kolleginnen bemerkbar. Tatsächlich lassen sich das Schwätzchen auf dem Gang oder das gemeinsame Mittagessen nur mit Mühe virtuell simulieren. Wichtigster Punkt: Die Kommunikation per E-Mail oder Videochat ist deutlich ärmer an Signalen, da Nonverbales wie Mimik und Gestik wegfällt. Das produziert leichter Missverständnisse und Konflikte. Deshalb ist es für Mitglieder virtuell zusammenarbeitender Teams zentral, klar und eindeutig zu kommunizieren, sich immer wieder mit anderen rückzukoppeln und Formate zu finden, die den fehlenden informellen Austausch wenigstens teilweise ersetzen können. Ab Seite 61 erfahren Sie, wie Teams ihre Abläufe und Strukturen unter diesen Bedingungen neu organisieren und die vielfältigen Möglichkeiten elektronischen Kommunizierens optimal für sich nutzen können.

Was kann ich für meine körperliche und seelische Gesundheit tun?

Im Homeoffice besteht die Gefahr, dass die Arbeit weit ins Privatleben ragt, man direkt nach dem Aufstehen die ersten Mails checkt und kurz vor dem Schlafengehen noch vor dem Rechner sitzt. Sorgen Sie für ein gesundes Gleichgewicht. Testen Sie auf Seite 90 Ihre Work-Life-Balance – und ziehen Sie die richtigen Schlüsse! Machen Sie beim Arbeiten Pausen, in denen Sie sich nach Möglichkeit bewegen. Geeignete Übungen finden Sie ab Seite 92. Stellen Sie sich zudem Regeln für den Arbeitsalltag auf. Vereinbaren Sie mit Ihrer Führungsperson und den Kollegen, von wann bis wann die Arbeitszeit dauert und zu welchen Zeiten Sie erreichbar sind (und wann nicht). Nutzen Sie Ihre Freizeit, um Hobbys und Interessen nachzugehen. Halten Sie Stress und Burn-out fern, indem Sie Ihre Resilienz stärken. Wie das funktioniert, lesen Sie ab Seite 98.

Was muss ich beim Einrichten meines Heimarbeitsplatzes beachten?

Nicht jeder hat den Luxus eines eigenen Arbeitszimmers. Dann heißt es, Kompromisse einzugehen. Wichtig ist ein möglichst ruhiger Standort mit viel Tageslicht. Wie man eine Arbeitsecke vom Rest des Zimmers trennt, lesen Sie auf Seite 130. Wer Möbel und Technik nicht vom Betrieb gestellt bekommt, sollte darauf achten, dass Schreibtisch und Bürostuhl ergonomisches Arbeiten zulassen. Idealerweise ist auch der Schreibtisch höhenverstellbar (siehe dazu ab Seite 133). Statt stundenlang auf ein winziges Laptop-Display zu starren, empfiehlt sich die Anschaffung eines externen Monitors. Was dieser können sollte, wie man ihn anschließt und viele weitere Tipps lesen Sie ab Seite 139.

My Home is my Office!

Die Digitalisierung ermöglicht neue Formen des Arbeitens. Motto: Weg von der Präsenzpflicht, hin zu flexiblen Modellen. In der Covid-Pandemie boomte vor allem das Homeoffice. Doch die schöne neue Arbeitswelt stellt auch hohe Anforderungen an jeden Einzelnen.

„Von zu Hause aus arbeiten? Warum nicht gleich am Strand?" Derartige Bemerkungen erntete in der Vergangenheit so mancher Angestellte, der seinen Chef auf das Thema Homeoffice ansprach. Die eigenen Aufgaben effizient erledigen, so das Vorurteil, funktioniere nur im Betrieb – am besten unter den wachsamen Blicken einer Führungsperson. So wurde die Präsenzpflicht in deutschen Unternehmen jahrzehntelang kaum in Frage gestellt. Arbeiten hieß: in der Firma arbeiten. Wer als Außendienstmitarbeiter mit dem Auto durchs Land fuhr oder als Lehrer zu Hause Klassenarbeiten korrigierte, galt eher als Ausnahme.

Die Zeiten haben sich geändert. Mit der Digitalisierung entstanden nicht nur neue Geschäftsmodelle. Auch neue, flexible Arbeitsformen erleben einen Aufschwung, denn Tätigkeiten, die sich digital erledigen lassen, sind nicht mehr an Orte und Zeiten gebunden. Dank Internet und schneller Datenverbindungen können wir Unterlagen und Informationen jederzeit und an jedem Ort abrufen. Telefon- und Videokonferenzen ersetzen häufiger den direkten Kontakt zu Vorgesetzten und Kollegen.

Bereits vor der Corona-Pandemie hatten viele Arbeitnehmer Erfahrungen mit digitaler Arbeit gesammelt – verschiedene Studien gehen für 2019 von 12 bis 20 Prozent aller Beschäftigten aus. Mit Beginn der Pandemie schufen viele Unternehmen in erstaunlicher Geschwindigkeit die technischen Voraussetzungen und schickten ihre Beschäftigten ins Homeoffice.

Der Anteil der Erwerbstätigen, die in den eigenen vier Wänden arbeiteten, stieg im ersten Lockdown Ende März 2020 auf rund 27 Prozent, um bis zur ersten Juliwoche auf 7 Prozent zu sinken. Im Mai 2021 arbeiteten laut Ifo-Institut 31 Prozent der Beschäftigten zumindest teilweise wieder von zu Hause aus. Diese Werte zeigen, dass die meisten das Homeoffice nicht als Dauerzustand ansehen, sondern als flexibel nutzbare Alternative. Auch ein Großteil der Arbeitgeber kehrt offenbar zur Präsenzpflicht zurück, sobald die Möglichkeit dazu besteht.

→ Homeoffice

Der Begriff ist nicht gesetzlich definiert. Meist wird er verwendet, um jegliches Arbeiten von zu Hause aus zu beschreiben. Rechtlich gibt es Unterschiede zwischen „Telearbeit" und „mobiler Arbeit". Telearbeit setzt eine vertragliche Regelung sowie einen vom Arbeitgeber eingerichteten Arbeitsplatz in der eigenen Wohnung voraus. Dagegen sind Mitarbeiter, die ohne vertragliche Vereinbarung am Schreib- oder Küchentisch arbeiten, lediglich „mobil" tätig und unterliegen weniger strengen Vorgaben. In diesem Buch umfasst „Homeoffice" grundsätzlich beide Varianten des Arbeitens in den eigenen vier Wänden. Sollen Unterschiede thematisiert werden, ist explizit von „Telearbeit" und „mobiler Arbeit" die Rede.

Arbeiten im Homeoffice ist nicht für jeden und jede möglich. Für Ärzte, Verkäufer, Pflegekräfte und andere Berufsgruppen ist Kunden- oder Patientenkontakt unerlässlich. Auch Speditions- oder Außendienstmitarbeiter können nicht zu Hause arbeiten.

Umgekehrt gilt jedoch: Manche Berufe, von denen Arbeitgeber – aber auch Beschäftigte – glauben, sie kämen für Homeoffice nicht infrage, sind dafür zumindest in Teilen durchaus geeignet. Besteht zum Beispiel ein Teil des Jobs aus Büroarbeit, lässt sich zumindest prüfen, ob diese auch von zu Hause aus verrichtet werden kann.

Auch das belegen Umfragen: Komplett ins Homeoffice wechseln wollen die wenigsten Menschen – denn das Arbeiten daheim bringt auch Nachteile (siehe S. 17 f.). Dennoch stehen die Chancen gut, dass sich Homeoffice dauerhaft etabliert. Laut einer Umfrage des Bundesamtes für Sicherheit in der Informationstechnik (BSI) wollen 58 Prozent der Firmen ihren Mitarbeitern nach der Pandemie Homeoffice im selben Umfang anbieten oder das Angebot ausweiten. Nur jedes sechste Unternehmen will diese Möglichkeit grundsätzlich abschaffen.

Lebenslang lernen in der digitalen Arbeitswelt

Internet, schnelle Datenverbindungen und mobile Computer lassen andere Geschäftsmodelle entstehen – Beschäftigte sehen sich neuen Anforderungen aber auch Chancen gegenüber.

So wie die Digitalisierung gegen Ende des 20. Jahrhunderts in unser privates Leben trat, so hielt sie auch Einzug in unser Arbeitsleben. Experten bezeichnen die Ära seit den 90er-Jahren deshalb als „vierte industrielle Revolution" oder „Arbeit 4.0".

Im Kern geht es um die Transformation bisheriger Abläufe in digitale Geschäftsprozesse. Mithilfe moderner Technologien lassen sich nicht nur Abteilungen und Projektteams ortsunabhängig vernetzen, sondern auch Kunden und externe Partner einbinden. Digitale Plattformen ermöglichen es, Informationen und Dokumente zentral zu verwalten und allen Beteiligten in Echtzeit verfügbar zu machen. Die Vernetzung von Standorten sorgt unter anderem für die optimale Nutzung von Ressourcen und hilft, Lieferengpässe zu vermeiden. Kurzum: Durch digitale Zusammenarbeit wird „vernetzte Wertschöpfung" Realität.

Schrittweise Entwicklung

Wie die bisherigen drei industriellen Revolutionen vollzieht sich auch die vierte in Wahrheit als Evolution. Die Digitalisierung verläuft nicht spontan, sondern schubweise. Manche Entwicklungen gehen schnell, andere brauchen länger oder entpuppen sich als Irrweg.

Ein Beispiel: Während bereits zehn Jahre nach der Vorstellung des ersten iPhones die Hälfte der Menschheit ein Smartphone besaß, hatten bis vor kurzem erst wenige Unternehmen ihre Beschäftigten mit digitalen Endgeräten ausgestattet, damit diese auch unterwegs oder zu Hause arbeiten können. Ein Grund dafür: Viele – vor allem kleine und mittlere – Unternehmen probieren zunächst lieber einzelne Maßnahmen aus, statt von Beginn an auf eine übergreifende Digitalstrategie zu setzen.

Ein anderes Beispiel: Bereits vor über 20 Jahren gab es technisch die Möglichkeit, Software nicht mehr auf einem Server oder einer Festplatte zu installieren, sondern online zu nutzen. Dennoch setzte sich das „Application Service Providing" nicht durch. Gründe waren unter anderem fehlende Bandbreiten und mangende Akzeptanz in der Wirtschaft. Inzwischen ist die Zeit reif: Viele Unternehmen nutzen „Cloud Computing" – ein ganz ähnliches Konzept, bei dem Softwareanwendungen über ein Netzwerk, etwa das Internet, bereitgestellt werden.

Alte und neue Geschäftsmodelle

Die Digitalisierung verhilft Unternehmen zu höherer Effizienz und steigert den Umsatz bei sinkenden Kosten. Auf digitaler Basis sind zahlreiche neue Geschäftsmodelle entstanden, sei es das Verkaufen von Waren per Onlineshop, das Programmieren von Apps oder das Sammeln und Verknüpfen von Echtzeitdaten, zum Beispiel über Wetter, Verkehr, Lagerbestände oder Kunden, zwecks neuartiger Dienstleistungen.

Für Unternehmen besteht die Herausforderung darin, ihre Geschäftsmodelle den neuen Gegebenheiten anzupassen. Bestimmten früher Produzenten und Dienstleister das Angebot, werden die Märkte heute vor allem durch Kunden und deren Nachfrage geprägt: Sie erwarten Top-Qualität, bevorzugen individuelle Produkte und wollen ihre Ware schnellstmöglich in den Händen halten. Obendrein sollen Anbieter großzügig Rücknahmen oder kostenlose Updates gewähren. Mit anderen Worten: Entscheidend für wirtschaftlichen Erfolg sind übergreifende Lösungen – Produkte und damit verknüpfte Dienstleistungen.

Hinzu kommt: Durften sich Veränderungen früher über Jahrzehnte hinziehen, lässt die automatisierte Informationsverarbeitung die Zeitspannen für Umstrukturierungsprozesse dramatisch schrumpfen und macht immer schneller und öfter Anpassungen erforderlich. Um ein auf Dauer erfolgreiches digitales Geschäftsmodell zu entwickeln, müssen Firmen vor allem ihre Lernfähigkeit entwickeln und kultivieren. Nur so können sie ihr Geschäftsmodell neu justieren, wann immer es nötig ist, und neue Chancen ergreifen.

Digitale Fähigkeiten wichtig

Ob kaufmännische Angestellte, Ingenieur, Architektin oder Zeitungsredakteur – viele Menschen verbringen bereits heute einen Großteil ihres Arbeitslebens mit digitaler Arbeit. Das erzeugt neben spannenden Entwicklungschancen auch Ungewissheit, teilweise sogar Ängste. Wird mein Job morgen von einer Maschine erledigt? Wird mich mein Arbeitgeber rechtzeitig auf die neuen Arbeitsweisen und Anforderungen vorbereiten? Welche digitalen Kompetenzen werde ich erwerben müssen, um auch künftig mithalten zu können?

Tatsächlich braucht es bestimmte Fähigkeiten, um sich in einer zunehmend digitalisierten Arbeitswelt zurechtfinden und diese mitgestalten zu können. Diese werden als „digitale Kompetenz" bezeichnet.

Die Europäische Union zählt die Digitalkompetenz („DigComp") zu den acht Schlüsselkompetenzen lebenslangen Lernens. Die Digitalkompetenz bildet eine wichtige Voraussetzung für erfolgreiches Arbeiten innerhalb und außerhalb der Firma, beispielsweise im Homeoffice.

Schneller Überblick

Wer künftig **im Beruf erfolgreich** sein will, benötigt neben einer guten fachlichen Ausbildung die Bereitschaft, **permanent dazuzulernen**. Dazu gehört das Weiterentwickeln sprachlicher, sozialer, (natur-)wissenschaftlicher sowie digitaler Kompetenzen. Die fortschreitende Digitalisierung sorgt nicht nur für Veränderungsdruck, sie ermöglicht auch **neue Formen des Lernens und der Kommunikation** – auch und vor allem, wenn sich das Gegenüber an einem anderen Ort aufhält.

Der abstrakte Begriff der Digitalkompetenz lässt sich einerseits in fachliche Fähigkeiten, zum anderen in weichere Faktoren, die sogenannten „Soft Skills", unterteilen.

Zu den wesentlichen fachlichen Bestandteilen der Digitalkompetenz zählen:

- **Datenverarbeitung:** die Fähigkeit, Daten zu recherchieren, zu speichern und zu nutzen,
- **Zusammenarbeit:** versierter Umgang mit digitalen Kollaborations- und Kommunikationstools,
- **Datenproduktion:** die Fähigkeit, digitale Inhalte eigenständig in unterschiedlichen Formaten zu erstellen,
- **Software:** Kenntnisse in fachlich relevanten Softwareanwendungen und Programmiersprachen,
- **Recht:** ein grundlegendes Verständnis von Urheberrechtsfragen, Lizenzen und Copyrights in der digitalen Welt,
- **Sicherheit:** Kenntnis von Sicherheitsanforderungen im Internet und Anwenden von Vorgaben zum Datenschutz,
- **Technik:** die Fähigkeit, technische Probleme eigenständig zu lösen.

Zu den digitalen Soft Skills zählen:

- **Urteilsvermögen:** ein kritischer und reflektierter Blick gegenüber Informationen aus dem Internet sowie die Fähigkeit zu beurteilen, welche Quellen relevant und seriös sind,
- **Verantwortung:** verantwortungsbewusster Umgang mit digitalen Medien,
- **Aktivität:** die Motivation, sich in digitalen beruflichen, sozialen oder kulturellen Netzwerken zu engagieren und mit anderen zu interagieren,
- **Sozialkompetenz:** die Fähigkeit, ein gelingendes Miteinander in der digitalen Welt zu schaffen und respektvoll und angemessen zu kommunizieren,
- **Lernwille:** die Aufgeschlossenheit gegenüber Veränderungen und der Wille, sich neue Inhalte anzueignen,
- **Strukturiertes Denken:** eine analytische, systematische Denkweise und die Kompetenz, eigenständig zu planen und zu organisieren,

HÄTTEN SIE'S GEWUSST?

Welche **Mitarbeiterkompetenzen** werden künftig noch relevanter? Hier die Top 3 der von Personalmanagern als am wichtigsten bewerteten Skills:

Veränderungsbereitschaft und Flexibilität (85 %)

IT-Anwenderkenntnisse (84 %)

Kooperations- und Kommunikationsfähigkeit (78 %)

Weitere Prognosen:

Notwendigkeit eines deutlich höheren Fachwissens im Bereich digitaler Technologien ab 2030.

Spürbare Zunahme an Tätigkeiten, in denen Kreativität und Sozialkompetenz gefragt sind.

(Quelle: Bundesverband der Personalmanager, 2018; McKinsey „Skill Shift – Automation and the Future of the Workforce")

- **Selbststeuerung:** die Fähigkeit, flexibel, proaktiv und initiativ vorzugehen.

Homeoffice: die Vorteile

Der Aufschwung des Homeoffice wäre undenkbar, wenn nicht die meisten Haushalte über schnelles Internet verfügen würden. Der Netzzugang in Verbindung mit geeigneter Hard- und Software ermöglicht es vor allem Büroangestellten, Aufgaben zu Hause zu erledigen. Das bringt viele Vorteile:

1. **Zeitersparnis:** Wer von zu Hause aus arbeitet, hat mehr vom (Arbeits-)Tag! Die Zeit für den Weg zur Arbeit entfällt und lässt sich für andere Dinge nutzen, beispielsweise um morgens etwas länger zu schlafen oder nach Feierabend einen Einkaufsbummel oder den Besuch im Fitnessstudio anzuschließen. Wer sonst mit dem Auto fährt, spart zudem Benzinkosten, wer öffentlich unterwegs ist, sollte prüfen, ob es die teure Monats- oder Jahreskarte sein muss – viele Verkehrsverbünde bieten neuerdings „Homeoffice-Tarife" an (siehe rechts).
2. **Weniger Stress:** Endloses Telefonklingeln, nervende Kollegen im Großraumbüro und eine Chefin, die Druck ausübt, all das ist zu Hause abgeschwächt. Die meisten Menschen können sich im Homeoffice besser konzentrieren und arbeiten effizienter als in der Firma.
3. **Mehr Selbstbestimmung:** Auch wenn dieselben Arbeitszeiten gelten

wie im Betrieb – viele Heimarbeiter können sich zumindest einen Teil ihrer Zeit selbst einteilen.

4. **Bessere Work-Life-Balance:** Ein ausgewogenes Verhältnis zwischen beruflichen und privaten Aktivitäten lässt sich im Homeoffice leichter herstellen. Arzttermine und Behördengänge sind von zu Hause aus unkomplizierter machbar – auch das Pflegen eigener Hobbys ist besser möglich.
5. **Mehr Zufriedenheit:** Umfragen bestätigen, dass Mitarbeiter, die wenigstens ab und zu im Homeoffice arbeiten, zufriedener sind und weniger Krankheitstage ansammeln. Die meisten Menschen wissen es zu schätzen, dass ihr Unternehmen ihnen Vertrauen entgegenbringt. Das wiederum erhöht ihre Identifikation mit dem Arbeitgeber.

Homeoffice: die Nachteile

Die Schattenseiten des Homeoffice sind der Grund, warum die meisten Menschen nicht ausschließlich von zu Hause aus arbeiten wollen. Folgende Punkte werden in Umfragen immer wieder genannt:

1. **Hohe Ablenkungsgefahr:** Schnell noch das Geschirr spülen, die Freundin anrufen, den Kurztrip buchen? Das hat Zeit bis zum Feierabend! Im Homeoffice ist Disziplin oberstes Gebot. Wer sich ablenken lässt läuft Gefahr, sich zu verzetteln. Klingelt dann noch ein Paketbote oder quengeln die Kinder im Nebenzimmer, ist an konzentriertes Arbeiten kaum zu denken.
2. **Mangel an Motivation:** Sind kein Team oder Chef da, die einen mitziehen und anspornen, fällt es vielen schwer, sich zur Arbeit zu motivieren. Insbesondere unangenehme Aufgaben werden gern verschoben. Auch Aufgaben, die man allein zu lösen hat, wandern mit Vorliebe in die Wiedervorlage.
3. **Außenseitergefahr:** Keine Kollegen, keine Face-to-Face-Kontakte. Absprachen sind aus der Ferne schwerer zu

---

Homeoffice-Tarif statt Jahreskarte. Je öfter jemand im Homeoffice arbeitet, desto weniger lohnt sich eine Zeitkarte für den Öffentlichen Personennahverkehr (ÖPNV). Immer mehr Verkehrsverbünde wie Stuttgart und Berlin reagieren darauf und bieten Mehrfachfahrkarten mit flexiblen Geltungsbereichen an. Auch die Deutsche Bahn verkauft bereits seit Juni 2020 eine Art „Homeoffice-Ticket". Das „20-Fahrten-Ticket" gilt für Hin- und Rückfahrten an zehn beliebigen Tagen in einem Monat.

treffen, ein spontaner Austausch kaum möglich. Das kann insbesondere bei Menschen, die sehr oft zu Hause arbeiten, dazu führen, dass ihr Team sie als Außenseiter wahrnimmt.

4 **Entgrenzung der Arbeit:** Im Homeoffice besteht die Gefahr, dass die Grenze zwischen Job und Privatleben verschwimmt. Vor allem, wenn Deadlines anstehen, verschiebt sich der Feierabend in die Abendstunden. Wer dann noch telefonisch oder per Mail erreichbar ist, darf sich nicht wundern, wenn das schnell zur Norm wird.

5 **Geringere Sichtbarkeit:** Egal wie fleißig man ist – wer im Homeoffice sitzt, muss damit rechnen, dass dies nicht wahrgenommen wird. Das kann im Extremfall dazu führen, dass weniger effiziente, aber im Büro dauerhaft präsente Kollegen bei Beförderungen und Gehaltserhöhungen bevorzugt werden.

Flexibles Arbeiten – Orte und Zeiten selbst bestimmen

Homeoffice ist eine Möglichkeit, den eigenen Arbeitsalltag selbstständiger zu gestalten – doch längst nicht die einzige.

→ **Statt 220 Tage im Jahr** am Schreibtisch in der Firma zu sitzen, arbeiten mittlerweile viele Menschen – zumindest ab und zu – woanders. Auch viele Selbstständige und Freiberufler sind orts- und meist auch zeitflexibel tätig. Das Homeoffice ist eine häufig genutzte, aber nicht die einzige Möglichkeit dafür.

Desk-Sharing

In seiner traditionellsten Form findet ortsflexibles Arbeiten im angestammten Büro statt – nur nicht an einem festen Schreibtisch. Hintergrund: Bei 30 Tagen Urlaub im Jahr steht jeder Schreibtisch sechs Arbeitswochen lang leer. Hinzu kommen Zeiten, in denen Mitarbeiter zum Beispiel krank, auf Fortbildung oder im Homeoffice sind.

Mit dem Konzept „Desk-Sharing“ sparen Arbeitgeber Bürofläche und Mietkosten, indem sie nur so viele Schreibtische anbieten, wie Mitarbeiter vor Ort sind. Mithilfe eines persönlichen Laptops und einer stationären Ausstattung aus Dockingstation, Monitor etc. kann jeder Mitarbeiter an jedem Platz seine Aufgaben erledigen. Idealerweise entspricht dieser der Art der Aufgaben: ein ruhiges Fleckchen zum konzentrierten Lesen, ein Desk mitten im geschäftigen Großraum für Routineaufgaben. Den kreativen Austausch im Team ermöglichen Besprechungsräume.

Das Konzept setzt, ganz im Sinne einer rein digitalen Datenverarbeitung, papierarmes oder sogar papierloses Arbeiten voraus. Alle Materialien werden in abgeschlossenen, fahrbaren Trolleys verstaut, die an einem zentralen Ort geparkt und jeweils zu Arbeitsbeginn mit an den Schreibtisch gezogen werden. Nachteil: Das Dekorieren des Arbeitsplatzes, etwa mit Familienfotos und Topfpflanzen, entfällt – viele Mitarbeiter empfinden eine solche Arbeitsumgebung als kalt und steril.

Homeoffice

Das im Englischen „Arbeitszimmer“ und im britischen Englisch darüber hinaus auch „Innenministerium“ bedeutende Wort „Homeoffice“ bezeichnet im Deutschen umgangssprachlich das Arbeiten von zu Hause aus (engl. „working from home“). Rechtlich bedeutsam ist die Unterscheidung zwischen „Telearbeit“ und „mobiler Arbeit“ (siehe auch S. 12). Mobile Arbeit kann prinzipiell an jedem Ort, Telearbeit entweder ausschließlich zu Hause („Teleheimarbeit“) oder im Wechsel mit Präsenz im Betrieb („alternierende Telearbeit“) erfolgen.

→ Telearbeit

Mit der Novellierung der Arbeitsstättenverordnung im November 2016 wurde der Begriff der Telearbeit erstmals gesetzlich definiert. Voraussetzung ist ein fest installierter Arbeitsplatz in der eigenen Wohnung. Der Arbeitgeber stellt dafür Ausrüstung wie Computer und Telefon, eventuell auch Mobiliar zur Verfügung und ersetzt laufende Kosten – sofern nicht anders vereinbart. Der Arbeitnehmer muss die vereinbarten Arbeitszeiten erfüllen und auf Arbeits- und Datenschutz achten.

Das gelegentliche Arbeiten mit dem Laptop in der Freizeit und das regelmäßige Checken dienstlicher E-Mails auf dem Smartphone unterliegen nicht der Arbeitsstättenverordnung – genauso wenig wie „Homeoffice“ ohne eigens eingerichteten Telearbeitsplatz.

Viele Angestellte haben während der Corona-Krise zwar im Homeoffice gearbeitet, jedoch keine vertraglich regulierte Telearbeit verrichtet. Sie waren damit im engeren Sinn „mobil“ tätig. Für mobile Arbeit gelten zwar ebenfalls Vorschriften in Sachen Arbeits- und Datenschutz – die jedoch teils weniger streng sind (siehe S. 156 ff.).

Im Gegensatz zur Telearbeit ist mobiles Arbeiten (auch „Remote Working“, von engl. „remote“ = entfernt) gesetzlich nicht definiert. Die zeitliche und örtliche Flexibilität ist deutlich größer. Arbeitnehmer erhalten in der Regel einen Auftrag und legen Arbeitszeiten und -plätze selbst fest.

In einer weltweiten Umfrage nannten 32 Prozent der Befragten als größten Nutzen mobiler Arbeit die zeitliche und 25 Prozent die örtliche Flexibilität – dagegen nur 8 Prozent die Tatsache, von zu Hause aus arbeiten zu können (Quelle: State of Remote Work 2021, buffer.com).

Heimarbeit

In den eigenen vier Wänden arbeiten auch „Heimarbeiter". Sie erledigen im Auftrag von Firmen bestimmte Aufgaben, können jedoch Arbeitszeit und Arbeitsort selbst wählen. Heimarbeiter sind nicht weisungsgebunden, jedoch vom Auftraggeber wirtschaftlich abhängig. Deshalb genießen sie besonderen Schutz durch das Heimarbeitsgesetz (HAG). So gelten für sie dieselben Kündigungsfristen wie für Arbeitnehmer, außerdem haben sie Anspruch auf Urlaub.

Anders als früher kleben Heimarbeiter heute keine Tütchen mehr oder bauen Kugelschreiber zusammen. Sie füllen Umfragen aus, testen Produkte, bloggen oder moderieren Chats. Sie übernehmen damit immer öfter qualifizierte Angestelltentätigkeiten. Im Zug des Aufschwungs flexibler Beschäftigungsformen rechnen Experten mit einer Renaissance der Heimarbeit.

Co-Working-Space

Scheitert das Arbeiten im Homeoffice an den Räumlichkeiten oder der Internetverbindung, kann die Alternative ein Co-Working-Space sein. Dabei handelt es sich zumeist um loungig gestaltete Büroflächen, auf denen Mieter Arbeitsplätze und Infrastruktur wie Telefon, Drucker, Scanner sowie Besprechungsräume nutzen können.

In Co-Working-Spaces herrscht meist eine kreativitätsfördernde Atmosphäre. Offene Flächen sollen den Austausch fördern. Im Unterschied zu Bürogemeinschaften arbeiten hier Angehörige verschiedener Berufe an eigenen oder gemeinsamen Projekten – oft Freiberufler, kleinere Start-ups und zunehmend auch „outgesourcte" Angestellte.

Damit nicht genug: Immer mehr Firmen entsenden für Projekte ganze Teams in Co-Working-Spaces, damit diese in neuer Umgebung anders denken und arbeiten als im gewohnten Büro. Wieder andere Unternehmen mieten im Speckgürtel von Großstädten dauerhaft Büros für einzelne Mitarbeiter und ganze Teams an, um ihnen das Pendeln zu ersparen – sowohl aus ökonomischen als auch aus ökologischen Gründen.

Business Center

Business Center werden mit Co-Working-Spaces oft im gleichen Atemzug genannt. Tatsächlich verschwinden die Unterscheidungsmerkmale zunehmend. Business Center vermieten eingerichtete Büroarbeitsplätze in Privatbüros, optional auch weitere Dienstleistungen sowie Infrastruktur.

Im Gegensatz zu Co-Working-Spaces liegt der Fokus traditionell nicht auf Community und Kollaboration. Doch auch das ändert sich. Vor allem große Anbieter mischen beide Konzepte und bieten sowohl Co-Working-Flächen als auch Privatbüros an.

Crowdworking

Ein Unternehmen bietet über ein Onlineportal eine Aufgabe an– wer sich zuerst meldet bekommt den Job und erledigt ihn an seinem Computer. In Deutschland verdienen mit „Crowdworking" (dt. „Plattformarbeit") aktuell rund 1,2 Millionen Menschen Geld – fast alle nebenberuflich.

Die Aufgaben reichen von Web-Recherchen über das Übersetzen von Texten bis zu Programmierarbeiten. Komplexe Aufgaben werden meist in Teilaufgaben aufgespalten. Das Konzept birgt für Firmen großes Potenzial, denn sie können so vom Know-how der Crowd (dt. „Masse") profitieren.

Laut einer Studie der Bertelsmann Stiftung vermitteln webbasierte Plattformen zunehmend Aufträge im Offline-Bereich, beispielsweise Zimmervermittler und Lieferdienste. Folglich sind Plattformen wie airbnb.de und lieferando.de derzeit am populärsten, gefolgt von freelancer.de und clickworker.de. Crowdworker in Deutschland sind laut Studie überdurchschnittlich qualifiziert und finanziell bessergestellt. Als größte Defizite gelten die mangelnde soziale Absicherung und fehlende Schutzrechte.

Übrigens: Um die Potenziale ihrer Mitarbeiter auszuschöpfen, bieten immer mehr Firmen internes Crowdworking an.

Schneller Überblick

Die Arbeit im **Homeoffice** bringt den meisten Menschen ein **Plus an Flexibilität**. Noch größere Freiheit in Sachen Arbeitsort und -zeit, jedoch weniger Sicherheit, bieten Beschäftigungsformen wie Crowdworking und Heimarbeit. Wer persönlichen Austausch vermisst oder kein Heimbüro einrichten kann, ist in einem Business Center oder Co-Working-Space richtig. Lassen sich **Zeit und Kosten sparen**, übernimmt der Arbeitgeber vielleicht sogar die Miete.

Digitales Nomadentum

Ortsunabhängig leben und arbeiten. So lautet die Devise digitaler Nomaden. An wechselnden Orten weltweit nicht nur Land und Leute kennenzulernen, sondern auch zu arbeiten – sei es im Hotelzimmer, einem Co-Working-Space oder am Strand – ist die radikalste Variante mobiler Arbeit. Sie eignet sich vor allem für jüngere Menschen, die zum Arbeiten nur Laptop, Smartphone und eine Internetverbindung brauchen. Das sind vor allem Selbstständige und Freiberufler, zunehmend auch Angestellte. Da die Zeitverschiebung die Zusammenarbeit erschwert, ist das Modell besonders für Jobs geeignet, bei denen man weitgehend allein arbeitet und vor allem das Ergebnis zählt.

So gelingt der Einstieg

Das Konzept „Homeoffice“ stellt Mitarbeiter und Unternehmen vor Herausforderungen. Damit es für beide Seiten zum Erfolg wird, gilt es, wichtige Einflussgrößen in den Blick zu nehmen.

Für den einen bietet das Homeoffice die ideale Umgebung, um konzentriert und kreativ zu arbeiten. Keiner stört, die Gedanken fließen, Ideen sprudeln. Andere fühlen sich einsam, abgelenkt, unkreativ. Woher weiß man, zu welcher Gruppe man gehört? Und was tun, wenn man gern zu Hause arbeiten würde, die Stelle sich dafür aber nicht eignet? Oder, genauso vertrackt, wenn der Arbeitgeber sich querstellt?

Vor einer Lösung steht die Analyse: Kommt Homeoffice infrage und wie lässt es sich für beide Seiten gewinnbringend nutzen? Neben persönlichen Eigenschaften sollten auch räumliche und familiäre Verhältnisse, spezielle Anforderungen des eigenen Jobs sowie Erwartungen seitens des Unternehmens einfließen. Diese Faktoren sollten Mitarbeiter zunächst aus ihrer Sicht betrachten und dann das Gespräch mit Vorgesetzten suchen. Ziel ist eine Win-win-Situation: Die Mitarbeiterin erfüllt ihre Aufgaben motiviert und konzentriert – die Firma bekommt die gewünschten Ergebnisse.

Der Faktor „Persönlichkeit“

Arbeiten im Homeoffice kann eine Bereicherung sein – wenn es so organisiert ist, dass es zur eigenen Persönlichkeit passt und den Vorstellungen vom Arbeitsumfeld entspricht. Das gilt es herauszufinden.

Der Faktor „Betrieb“

Ist Homeoffice in meinem Unternehmen vorgesehen? Viele Menschen sind sich da unsicher. Existiert ein Tarifvertrag, lohnt sich ein Blick hinein, auch wenn dieser allenfalls Rahmenbedingungen für die Ausgestaltung von Arbeitsplätzen festlegt. Einen Anspruch auf Homeoffice begründet möglicherweise eine Betriebsvereinbarung – doch in der Praxis dürfte auch das die Ausnahme sein. Der eigene Arbeitsvertrag enthält meist nur dann eine Regelung, wenn man bei Vertragsabschluss darauf bestanden hat.

Hatte man selbst oder ein Kollege in der Vergangenheit die Möglichkeit, im Homeoffice zu arbeiten, lässt sich das eventuell als „betriebliche Übung“ interpretieren. Diese setzt jedoch ein „gleichförmiges und wiederholtes“ Verhalten des Arbeitgebers voraus, das darauf schließen lässt, dass er auch künftig Homeoffice befürwortet. Ein einzelner – womöglich sogar anders gelagerter – Fall dürfte kaum ausreichen, um eine betriebliche Übung zu begründen.

Checkliste

Wie gut eigne ich mich fürs Homeoffice?

Auch wenn die Angaben subjektiv sind, geben sie doch Hinweise darauf, inwieweit Sie in der Lage sind, selbstständig und eigenverantwortlich zu arbeiten. Nutzen Sie den Test als Grundlage, um mit Vorgesetzten ein auf Sie zugeschnittenes Modell zu entwickeln.

- ☐ Ich arbeite am liebsten selbstständig und kann auch ohne Druck von außen Leistung bringen.
- ☐ Ich arbeite gern in einer ruhigen, selbst gestalteten Umgebung.
- ☐ Ich weiß, wann es Zeit ist, eine Pause bzw. Feierabend zu machen.
- ☐ An Problemlösungen arbeite ich am liebsten allein.
- ☐ Ich besitze viel Selbstdisziplin und halte mich an Arbeitszeiten, Termine und Abgabefristen.
- ☐ Ich kann Aufgaben gut strukturieren und setze mir realistische (Zwischen-)Ziele.
- ☐ Unliebsame Aufgaben packe ich lieber gleich an, statt sie auf die lange Bank zu schieben.
- ☐ Ich komme grundsätzlich gut damit klar, allein zu arbeiten und brauche nicht ständig Lob und Bestätigung.
- ☐ Ablenkungen von außen kann ich gut widerstehen.
- ☐ Ich scheue mich nicht, bei Fragen und Problemen Vorgesetzte und Kollegen aktiv zu kontaktieren.
- ☐ Ich kommuniziere gern über elektronische Medien und kann mich in mein Gegenüber hineinversetzen.
- ☐ Mir reicht – zumindest tageweise – die virtuelle Kommunikation mit Kollegen aus.

Skala: Vergeben Sie für jede Aussage 1 bis 5 Punkte. 1 = trifft gar nicht zu, 2 = trifft weniger zu, 3 = trifft teilweise zu, 4 = trifft überwiegend zu, 5 = trifft uneingeschränkt zu

Auswertung: 40 bis 60 Punkte: Zu Hause zu arbeiten sollte für Sie kein Problem sein. 20 bis 30 Punkte: Infrage kommen vor allem Tätigkeiten, die keine Kreativität bzw. intensives Teamwork erfordern. Unter 20 Punkte: Homeoffice ist eher keine gute Option.

Es bleibt die Möglichkeit, bei Vorgesetzten oder in der Personalabteilung vorstellig zu werden. Bevor die Firma riskiert, eine langjährige und geschätzte Fachkraft an die Konkurrenz zu verlieren, wird sie sich möglicherweise bewegen. Falls nicht, kann sich ein Verweis auf die Regelungen während der Covid-Pandemie lohnen, als Arbeitgeber verpflichtet wurden, sich mit dem Thema zu beschäftigen – und sich einen Überblick verschafft haben dürften, für welche Mitarbeiter Homeoffice in Frage kommt.

→ Rechtsanspruch „light"

Zwischen 27. Januar und 30. Juni 2021 durften Unternehmen die Arbeit im Homeoffice nur aus „zwingenden betriebsbedingten Gründen" ablehnen. Die Arbeitsschutzverordnung verpflichtete sie vorübergehend, diese Möglichkeit von sich aus zu prüfen und betreffenden Mitarbeitern anzubieten. Zwar definierte die Verordnung nicht im Detail, welche Gründe als „zwingend" galten. Die Internetseite des Bundesministeriums für Arbeit und Soziales nannte jedoch zwingend präsenzgebundene Tätigkeiten wie das Verteilen von Post, Schalterdienste und Wartungsaufgaben sowie technische und organisatorische Gründe wie das Fehlen erforderlicher Ausrüstung oder die unzureichende Qualifikation von Mitarbeitern.

Tipp: Jenseits rechtlicher Erwägungen sollten Sie das Gespräch mit Vorgesetzten suchen. Zeigen Sie ihnen, dass Sie sich mit dem Thema auseinandergesetzt haben und konkrete Vorstellungen haben. Dazu gehört die Bereitschaft, Ihr Homeoffice notfalls selbst einzurichten. Bieten Sie an, für den Anfang stundenweise im Homeoffice zu arbeiten oder vereinbaren Sie eine Probezeit, in der Sie Vorgesetzte von Ihrer Leistung und den Vorteilen überzeugen. Klären Sie, wann Sie erreichbar sind und starten Sie schrittweise, damit sich Ihre Kolleginnen an die neue Situation gewöhnen.

Der Faktor „Job"

Ich würde gern im Homeoffice arbeiten – doch funktioniert das in meinem Job? Diese Frage stellen sich viele Angestellte, die keine reinen Bürotätigkeiten ausführen und/oder Kunden- oder Patientenkontakte haben.

Die Bedenken sind nachvollziehbar, doch Fakt ist auch: Viele Arbeiten, die ortsunabhängig erledigt werden könnten, finden immer noch in Präsenz statt. Das Potenzial des Homeoffice wurde bislang bei Weitem nicht ausgeschöpft – nicht einmal in der Hochphase der Covid-Pandemie. Grundsätzlich hilft nur genaues Hinschauen. Am besten gehen Sie bei der Analyse Ihres Jobprofils in drei Schritten vor:

1. **Branche:** Was ist üblich?
2. **Job:** Ist meine Tätigkeit dafür zumindest in Teilen geeignet?

Checkliste

So spielt auch der Betrieb mit

- ☐ In meinem Unternehmen war Homeoffice bereits vor Corona erlaubt oder wurde während der Pandemie eingeführt.
- ☐ Es gibt bereits eine übergreifende Homeoffice-Regelung für alle/bestimmte Berufsgruppen.
- ☐ Es gibt keine übergreifende Regelung, doch mein Arbeitgeber/Vorgesetzter steht dem Thema grundsätzlich positiv gegenüber.
- ☐ Ich kenne Kollegen mit einer vergleichbaren/nicht vergleichbaren Tätigkeit, die ebenfalls gern im Homeoffice arbeiten würden.
- ☐ .... Tag(e) in der Woche/im Monat im Homeoffice zu arbeiten, käme meiner Arbeitsleistung zugute, weil..

  ....

  ....
- ☐ Die Arbeit im Homeoffice würde ich wie folgt organisieren:

  ....

  ....

  (Arbeitsplatz + Ausstattung)

  ....

  ....

  (Arbeitszeit)

  ....

  ....

  (Erreichbarkeit)

  ....

  ....

  (Datenschutz)

  ....

  ....

  ....

  (Kommunikation im Team)

Folgende konkrete Schritte werde ich als Nächstes unternehmen:

- ☐ Den Betriebsrat um Rat und Unterstützung bitten.
- ☐ Prüfen, welche meiner beruflichen Aufgaben ich von zu Hause aus erledigen kann.
- ☐ Einen Gesprächstermin mit meinen Vorgesetzten vereinbaren.
- ☐ Meinen Vorgesetzten in diesem Gespräch aktiv Vorschläge zur Umsetzung unterbreiten.

Schneller Überblick

Ab und zu im Homeoffice zu arbeiten – das funktioniert am besten für Menschen, die über ein hohes Maß an **Selbststeuerung und Disziplin** verfügen, zu Hause die **räumlichen Voraussetzungen** haben und deren **Job** sich zumindest in Teilen außerhalb des Unternehmens erledigen lässt. Bietet der Arbeitgeber nicht von selbst Homeoffice an, ist es einen Versuch wert, **mit guten Argumenten** auf ihn zuzugehen und ihn **von den Vorteilen zu überzeugen**.

3 **Ausstattung:** Verfügen beide Seiten über die erforderliche technische Ausstattung?

Homeoffice ist keine Option für die Mehrheit der Jobs in Gastronomie und Einzelhandel, Sportstätten und Unterhaltungsbetrieben. Dasselbe gilt für viele „systemrelevante“ Tätigkeiten im Gesundheitssektor und in der Grundversorgung. Weniger eindeutig ist die Lage in Unternehmen in der Industrie. Ob hier Homeoffice möglich ist oder nicht, hängt von einer Vielzahl an Faktoren ab. Die Antworten auf folgende Fragen helfen:

- Handelt es sich um eine Tätigkeit in der Produktion?
- Ist für die Arbeit das Bedienen von Maschinen und Anlagen erforderlich?
- Umfasst die Tätigkeit direkten, persönlichen Kundenkontakt?

Wer alle drei Fragen mit „Ja“ beantwortet, dürfte Schwierigkeiten haben, Homeoffice zu begründen. Doch jedes „Nein“ erhöht die Chance, zumindest an einzelnen Tagen von zu Hause aus arbeiten zu können.

Bei Tätigkeiten, die sich für Homeoffice eignen, können technische Hürden eine Rolle spielen: Verfügen Beschäftigte zu Hause über die notwendige Hard- und Software? Steht eine sichere Internetverbindung mit ausreichender Bandbreite zur Verfügung?

Der Faktor „Räumliche Situation“

Ein separates Arbeitszimmer mit höhenverstellbarem Schreibtisch, modernem Bürodrehstuhl und Rollcontainer sowie Laptop, Drucker und großem Extra-Monitor, dazu eine schnelle, zuverlässige und sichere Breitbandverbindung ins Firmennetzwerk – so sähe wohl der ideale Home-Arbeitsplatz aus (siehe auch S. 129 ff.).

Doch selbst wenn ein Unternehmen Mitarbeitern Arbeitsplätze einrichtet – in vielen Wohnungen sind die Voraussetzungen schwierig. Knackpunkt ist oft die fehlende räumliche Abgrenzung. Die Möglichkeit, ungestört zu arbeiten, ist jedoch essenziell für das Homeoffice. Ideal ist ein separates Arbeitszimmer – und sei es noch so klein. Zum Feierabend lässt sich die Tür schließen und so die Sphäre „Beruf“ von der Sphäre

„Privatleben“ physisch trennen. Zudem ist es aus Datenschutzgründen wichtig, Unterlagen fernab von Familie und Besuchern aufzubewahren (siehe dazu auch S. 160 ff.).

Ist kein Arbeitszimmer verfügbar, lässt sich meist Ersatz finden: In vielen Wohnungen steht das Schlafzimmer tagsüber leer und bietet Platz für eine Arbeitsecke. Anders als Wohnzimmer oder Küche ist das Schlafzimmer zudem meist wenig frequentiert.

Sind die Kinder tagsüber in der Schule oder im Kindergarten, steht eventuell auch ein Kinderzimmer als Arbeitsort zur Verfügung. Wer in einem Haus mit mehreren Etagen wohnt, kann eventuell in einen wenig genutzten Raum im Obergeschoss oder in den Keller ausweichen.

Führt kein Weg an einem stärker genutzten Raum vorbei, sollte der Arbeitsbereich in diesem klar abgegrenzt werden. Das Mindeste ist ein Sichtschutz. Als Raumteiler eignen sich zum Beispiel Vorhänge, Regale und Trennwände. Das funktioniert jedoch nur, wenn man während der Arbeitszeit allein im Raum ist. Ansonsten wird es schwierig mit der akustischen Abgrenzung.

Zu bedenken sind darüber hinaus etwaige Lärmbelästigungen durch Gewerbetreibende im Haus oder in der Nachbarschaft, zum Beispiel ein Restaurant. Auch der Spielplatz auf der anderen Straßenseite oder der laute Musik liebende Nachbar in der Etage über einem können im Homeoffice auf Dauer mächtig an den Nerven zerren.

Zahlen und Fakten rund ums Homeoffice

- Im Jahr 2019 arbeiteten lediglich 12,9 Prozent aller Erwerbstätigen in Deutschland von zu Hause aus.
- Nur 5,5 Prozent nutzten das Homeoffice dabei täglich oder mindestens in der Hälfte der Arbeitszeit. 7,3 Prozent arbeiteten an weniger als der Hälfte der Arbeitstage zu Hause (gerundete Werte).
- Selbstständige mit Beschäftigten arbeiteten deutlich häufiger von zu Hause aus (37,2 Prozent) als abhängig Beschäftigte (9,6 Prozent).
- Unter den betrachteten Berufsgruppen arbeiteten besonders viele Wissenschaftler (33,5 Prozent) sowie Führungskräfte (30,3 Prozent) in den eigenen vier Wänden.
- Insgesamt am häufigsten arbeiteten Solo-Selbstständige (49,3 Prozent) und mithelfende Familienangehörige (39,5 Prozent) von zu Hause aus.

(Quelle: Statistisches Bundesamt)

Arbeitszeit produktiv und flexibel nutzen

Ob angestellt oder selbstständig, ob Führungskraft oder Mitarbeiter – ein unkoordinierter Arbeitsstil kostet jede Menge Zeit und führt zu schlechteren Ergebnissen. Mit Disziplin und Selbstmanagement lässt sich das verhindern.

Ein Tag hat 24 Stunden, ein Arbeitstag im Normalfall acht. Kaum etwas ist so frustrierend wie das Gefühl, seine Aufgaben in diesen acht Stunden nicht zu schaffen. Vor allem, wenn das nicht nur einmal passiert, sondern zum Dauerzustand wird.

Besonders schnell kann sich dieses Gefühl im Homeoffice breitmachen. Höhere Flexibilität und geringere Kontrolle durch Vorgesetzte führen nicht automatisch zu mehr Produktivität. Im Gegenteil: Wer nicht aufpasst, sieht sich bald einem ausgewachsenen Schlendrian und chronischer Aufschieberitis gegenüber – oder verzettelt sich vor lauter Aktionismus.

Zu Hause fehlt nicht nur die gewohnte professionelle Umgebung, sondern oft auch der durch vorgegebene Termine und persönliche Rituale strukturierte Tagesablauf. Nicht nur, dass vor allem in kleineren Wohnungen die Trennung zwischen Berufs- und Privatleben oft schwierig ist, auch der Kontakt zu Kollegen, Vorgesetzten und häufig auch den Kunden ändert sich. Statt persönlicher Gespräche, gemeinsamer Projektarbeit im Team und Schwätzchen zwischendurch gibt es zu Hause Telefonate, E-Mails, Chats und Online-Meetings – oder auch mal länger Funkstille.

Fallen die äußeren Strukturen des Büros und der persönliche Kontakt zu Kollegen weg, haben viele Menschen Schwierigkeiten, sich ihre Arbeitszeit sinnvoll einzuteilen – und können die Freiheit und Flexibilität, die das Homeoffice bietet, nicht wirklich nutzen. Wer sich dann noch um die Betreuung der Kinder kümmern muss, verliert den Fokus noch schneller. Häufige Folge: Die Arbeit bleibt liegen, man versucht, das Defizit mit höherem Zeiteinsatz wettzumachen und arbeitet lieber noch ein paar Stunden, statt Feierabend zu machen.

Besser wäre es, die vorhandene Zeit produktiver zu nutzen. Das kann gelingen durch:

- **Vorausschau:** Verschaffen Sie sich bereits am Vortag einen Überblick über Zeitbudget und Termine.
- **Gewichtung:** Planen und priorisieren Sie die zu erledigenden Aufgaben.
- **Zuordnung:** Teilen Sie Ihr Zeitbudget entsprechend den Prioritäten auf.
- **Selbststeuerung:** Motivieren Sie sich für die anstehenden Aufgaben und arbeiten Sie diese konzentriert ab.

Strukturiertes und zielorientiertes Arbeiten als Grundlage

Zu Hause produktiv zu sein erfordert strukturiertes Vorgehen. Wer nicht alle Aufgaben schafft, muss Prioritäten setzen.

Geht es um produktives und effizientes Arbeiten, ist viel von Zeit- und Selbstmanagement die Rede. Oft werden beide Begriffe synonym verwendet. Da sich Zeit jedoch streng genommen nicht managen lässt, da sie unabhängig von äußeren Einflüssen vergeht, hat sich seit einigen Jahren der Begriff „Selbstmanagement" durchgesetzt. Dieser umfasst im Allgemeinen Strategien der Arbeits- und Selborganisation. Ein Teil dieses Selbstmanagements ist der bewusste und zielgerichtete Umgang mit dem eigenen Zeitbudget.

In einem übergreifenden Sinn bezeichnet Selbstmanagement die Kompetenz, seine persönliche und berufliche Entwicklung in die eigenen Hände zu nehmen. Dazu gehören verschiedene Teilkompetenzen:

- **Zielsetzung:** Selbstständiges Setzen sinnvoller und realistischer Ziele.
- **Strukturiertes Denken:** Erarbeiten von Strategien zur Umsetzung der Ziele.
- **Urteilskraft:** Priorisieren der sich ergebenden Aufgaben.
- **Selbstkontrolle:** Regelmäßiges Überprüfen von Fortschritt und Ergebnissen.
- **Verhaltensänderung:** Effizienzsteigerung durch bessere Selbstorganisation.

Im engeren Sinn geht es bei Selbstmanagement um das Analysieren und Optimieren der eigenen Arbeitsweise. Eine wichtige Funktion kommt dabei Zielen zu. Diese können allgemeiner oder spezieller Natur sowie kurz-, mittel- oder langfristig erreichbar sein. Wer Ziele in einer vorgegebenen Zeit erreichen will, sollte diese zunächst formulieren, danach den Weg zu ihrer Erreichung abstecken und schließlich die sich ergebenden Aufgaben gewichten.

Ziele definieren

Es ist ratsam, sich im ersten Schritt grundsätzlich mit seinen Zielen zu beschäftigen – nicht nur mit den beruflichen („Arbeitsziele"), sondern auch mit jenen, die man ganz allgemein verfolgen will („Lebensziele").

Impulse setzen können dabei Fragen wie: Welche Ziele verfolge ich mit meiner Arbeit? Was motiviert mich, jeden Tag mein Bestes zu geben? Oder auch: Wie will ich im Leben von anderen gesehen werden? Im Ergebnis gewinnt man eine Vorstellung davon, welche Werte man im Leben vertritt und inwieweit diese mit den Arbeitszielen übereinstimmen. Weitere Klarheit schafft eine Systematisierung der Arbeitsziele:

- **Standard- bzw. Routineziele:** Das sind Ziele, die vor allem das operative Geschäft umfassen, sich zum Beispiel aus der Arbeitsplatz- oder Stellenbeschreibung ableiten lassen und das Ziel haben, den Betrieb am Laufen zu halten.
- **Verbesserungs- und Innovationsziele:** Hier handelt es sich um Ziele, die die zukunftsorientierte Weiterentwicklung und Sicherung der eigenen Organisation bezwecken. Häufig sind solche Ziele Inhalt von Vereinbarungen im Rahmen von Mitarbeitergesprächen.

Welche Möglichkeiten der Einzelne in seiner Arbeitsumgebung hat, um neben Standardzielen auch Verbesserungsziele zu verfolgen, hängt vom Arbeitsplatz, dem eigenen Gestaltungsspielraum, dem herrschenden Führungsstil und der Unternehmenskultur ab. Klarheit über die eigenen Ziele zu gewinnen, ist vor allem dann hilfreich, wenn Aufgaben in der verfügbaren Zeit nicht zu bewältigen sind und man deshalb priorisieren muss (siehe S. 33). Im Arbeitsalltag nehmen wir häufig das Ziel in den Blick, das sich am stärksten aufdrängt. Aus zielorientiertem Handeln wird so problemorientiertes „Feuerlöschen". Ziel im Rahmen von Selbstmanagement ist der Versuch, permanentem Hinterherlaufen entgegenzuwirken und die

Checkliste

Bloß nichts vergessen!

- ☐ **To-do-Liste führen:** Ob auf Papier oder digital – eine Aufgabenliste zum Abhaken hilft, den Überblick zu behalten und gibt einem das Gefühl, seine Arbeit zu schaffen. Wichtig: nur eine Liste führen und darauf schon beim Eintragen die Priorität sowie Frist oder Termin vermerken. Mit Apps wie Microsoft To Do, Todoist und Any.do hat man seine To-do-Liste(n) unterwegs auf dem Smartphone dabei und kann sie mit dem Rechner synchronisieren. Je nach App lassen sich Listen für unterschiedliche Themen anlegen, Aufgaben mit Terminen versehen, Erinnerungsfunktionen einstellen und Teilaufgaben definieren. Meist können Nutzer ihre Listen auch mit anderen teilen.
- ☐ **Notizen strukturieren:** Auch ein Notizbuch lässt sich analog oder digital führen. Vor der Entscheidung für eine App wie Microsoft OneNote, Evernote oder Google Notizen sollte jedoch der Arbeitgeber seine Erlaubnis erteilen, dass dienstliche Inhalte in die Cloud hochgeladen und auf verschiedenen Geräten synchronisiert werden dürfen. Darüber hinaus bieten digitale Notizen den Vorteil, dass sie sich besser formatieren, sortieren und mit Bilddateien etc. anreichern lassen. Wer es analog mag, sollte sich überlegen, ob er sämtliche Notizen einfach fortlaufend aufschreiben oder sie Kategorien zuordnen will. Letzteres erleichtert das Auffinden von Themen.
- ☐ **Kleine Aufgaben bündeln:** Auch im Homeoffice fallen massenhaft kleine Tätigkeiten an, die man gern vergisst: die Kollegin zum Geburtstag anrufen, neue Druckerpatronen kaufen, einen Zahnarzttermin vereinbaren. Auch hier ist die Entscheidung digital/analog zu treffen. Wer sich vor ständigem Erinnerungsgebimmel seines Handys schützen will, setzt auf Klebezettel. Wichtig ist es, diese nicht überall zu verstreuen, sondern zentral zu sammeln und konsequent abzuarbeiten. Auch Haftnotizen gibt es digital, etwa in den Apps Post-it, Simple Sticky Notes und Stickies.

Zeit zum Erreichen klarer, selbst gestellter Ziele zu verwenden.

Prioritäten setzen

Prioritäten zu setzen ist die wichtigste Voraussetzung für erfolgreiches Zeitmanagement. Ein Ansatz besteht darin, Aufgaben nach ihrer Wichtigkeit und Dringlichkeit zu sortieren und sie in der entstehenden Reihenfolge abzuarbeiten (siehe S. 37). Konsequentes Orientieren an Prioritäten führt schneller zum Erfolg als das Herumwerkeln an gleich gewichteten Aufgaben. Wer keine Prioritäten setzt, ist leichter ablenkbar, springt häufiger zwischen Aufgaben oder lässt sie unerledigt liegen.

Folge mangelnden Überblicks und unzureichender Priorisierung ist das Gefühl, die Dinge nicht mehr im Griff zu haben. Personen, die die Kontrolle verlieren, geraten regelmäßig unter Stress. Dieser kann unter anderem dazu führen, dass bewusstes Denken zu Gunsten reflexmäßigen Handelns reduziert wird. Das Gehirn schaltet dann in eine Art „Autopilot", der für schnelles Reagieren besser geeignet ist. Nachteil: Die erhöhte Schnelligkeit geht zulasten der Qualität. Einfache Lösungen werden bevorzugt, das Denken vollzieht sich in Ja-Nein-Entscheidungen – obwohl die zu lösende Aufgabe meist deutlich komplexer ist.

Ein Kontrollverlust geht zudem oft mit Angriffs- oder Fluchtverhalten einher. Angriffe äußern sich zum Beispiel in aggressivem, lautstarkem Argumentieren oder dem Beschimpfen anderer. Typisches Fluchtverhalten besteht darin, sich einer unwichtigen oder gut beherrschbaren Teilaufgabe zuzuwenden, vorübergehend gar nichts mehr zu tun oder zu resignieren.

→ Multitasking

Viele Leute denken, sie wären multitaskingfähig – oder müssten es sein. Die Wahrheit lautet jedoch: Unser Gehirn ist dafür gar nicht ausgelegt. Es kann sich zur selben Zeit auf maximal zwei Aufgaben konzentrieren – und selbst die laufen nicht parallel. Das Gehirn springt lediglich schnell zwischen ihnen hin und her – das kostet Energie, Zeit und Leistung. Wer zum Beispiel versucht, während eines Telefonates E-Mails zu beantworten, sollte damit rechnen, dass der Inhalt des Gespräches an ihm vorbeigeht.

Aufgaben planvoll erfüllen

Ein wirksames Instrument, um Ziele, Pläne, und Ideen in Handlungen umzusetzen, ist ein Tagesplan. Dieser ist darüber hinaus eine Waffe im Kampf gegen Zeitfresser. Eine Tagesplanung zerlegt den Weg zu mittel- und langfristigen Zielen und zur Erfüllung umfangreicher Aufgaben in überschaubare Schritte. Der Berg bekommt Stufen, man behält die Dinge im Griff.

Tagesplanung bietet die Möglichkeit, auch langfristige Aufgaben erfolgreich zu bewältigen und so eine starke Selbstmotivation aufzubauen. Diese wiederum bändigt die Neigung, sich immer wieder kurzfristige Erfolgserlebnisse zu verschaffen und ermöglicht so strategisches Handeln.

Übrigens: Aufgaben konsequent schriftlich zu planen zwingt zur Präzision, vereinfacht den Informationsaustausch, entlastet das Gedächtnis und vermittelt Sicherheit. Außerdem fördert es die Konzentration aufs Wesentliche, hat eine motivierende, auffordernde Wirkung und ermöglicht die Kontrolle des eigenen Arbeitsverhaltens.

→ Prokrastination

Unangenehme Aufgaben schieben wir gern auf – wir „prokrastinieren". Manche Menschen tendieren dazu, dieses Aufschieben als bewusste Planung zu titulieren, um so das eigene Gewissen zu beruhigen. Doch damit sabotieren sie sich selbst und lassen den Berg an aufgeschobenen Aufgaben weiter wachsen. Wer sich beim Prokrastinieren ertappt, sollte die Ursache ergründen und eine Lösung suchen, indem er zum Beispiel eine komplexe Aufgabe in Schritte zerlegt.

Beim Verbinden der täglichen Aufgaben mit strategischen Überlegungen hilft ein zusätzlicher Wochenplan. Dieser hilft, übergeordnete Ziele nicht aus den Augen zu verlieren. Grundlage ist ein Kalender – am besten digital, sodass die Termine der anderen Teammitglieder sichtbar sind. Faustregel: Maximal 60 Prozent der Zeit verplanen und mindestens 40 Prozent freihalten. Diese zu Zeiten blocken, an denen keine Standardtermine wie Teammeetings stattfinden.

Die meisten Menschen arbeiten in komplexen, flexiblen Kontexten, in denen ein Tag nicht von Anfang bis Ende planbar ist und viele Arbeiten spontan anfallen. Dennoch versäumen es viele, dafür im Kalender „Pufferzeiten" einzubauen. Hinzu kommt, dass Menschen dazu neigen, den für Aufgaben nötigen Zeitaufwand zu unterschätzen. Beides führt dazu, dass wir uns zu viel vornehmen, zunehmenden Zeitdruck verspü-

Biorhythmus beachten. Während der eine schon morgens hellwach ist und sich mit Feuereifer in die Arbeit stürzt, kommen andere erst spät am Tag auf Touren. Für die meisten Menschen ist es von Vorteil, vormittags schwierigere Aufgaben zu erledigen – etwa Konzepte verfassen oder Präsentationen vorbereiten – und den Nachmittag für Routinetätigkeiten zu reservieren wie E-Mails schreiben und Telefonate führen.

ren und frustriert sind, wenn wir Ziele trotz aller Bemühungen nicht erreichen.

Deshalb: Nehmen Sie sich am Ende jedes Tages – bevor Sie sich den Aufgaben für den nächsten Tag widmen – zehn Minuten Zeit, um auf die aktuellen To-dos zu schauen und die eigene Produktivität zu reflektieren. Dabei helfen Fragen wie: Welche Aufgaben habe ich heute geschafft? Hat deren Erledigung mehr Zeit in Anspruch genommen als geplant und warum? Welche spontanen Aufgaben sind hinzugekommen? Wie viele davon konnte ich sofort erledigen?

Arbeitsweise analysieren

Wo geht sie hin, die Arbeitszeit? Schreiben Sie es auf – egal ob im Büro oder im Homeoffice! Tipp: Achten Sie darauf, sämtliche Tätigkeiten zu protokollieren, auch wenn diese nichts mit Arbeit zu tun haben. Wer das nicht mit Stift und Zettel tun will, nutzt eine App wie Toggl Time Tracker. Mit ihr lassen sich der Zeitaufwand für Projekte nachverfolgen, aber auch persönliche Zeitanalysen durchführen. So lange man eine Tätigkeit ausübt, lässt man die App wie eine Stoppuhr mitlaufen. Anschließend trägt man die Tätigkeit ein und ordnet sie einer Kategorie zu. Am Schluss addiert die App alle Tätigkeiten innerhalb der Kategorien.

Wichtig ist es, auch die Zeiten aufzuzeichnen, in denen man privat telefoniert, Social-Media-Accounts checkt oder online Konzerttickets bucht. Wer pro Tag zwanzigmal fünf Minuten abzweigt, hat schon mehr als anderthalb Stunden auf der Uhr – und die ersten Zeitfresser aufgespürt. Wichtig: Für eine brauchbare Datengrundlage sollte man seine Tätigkeiten über mehrere Tage, am besten eine ganze Woche lang, erfassen.

Auf die Erfassung folgt die Analyse anhand dieser Fragen:

- Was tue ich den ganzen Tag über?
- Welche meiner Tätigkeiten erfordern wie viel Zeit?
- Welcher Anteil entfällt auf selbst-, welcher auf fremdbestimmtes Arbeiten?
- Gibt es einen Zusammenhang zwischen der Tageszeit und der Dauer, die bestimmte Tätigkeiten in Anspruch nehmen? Welcher ist das?
- Gibt es Wartezeiten, die sich besser nutzen lassen?
- Wie lange kann ich konzentriert arbeiten, bevor ich aufs Smartphone schaue oder neue Mails lese?
- Welche Zeitfresser kann ich identifizieren und wie viel Zeit kosten sie mich?

Schneller Überblick

Sich im Job selbst zu managen, setzt eine **ehrliche Analyse der eigenen Arbeitsweise** voraus. Hilfreich auf dem Weg zu mehr Effizienz sind das bewusste **Definieren von Zielen** und die Fähigkeit, **Aufgaben nach Wichtigkeit zu ordnen.**

Arbeitstechniken erfolgreich einsetzen

Die Theorie ist das eine – Selbstmanagement im Alltag umzusetzen etwas ganz anderes. Hilfe beim gezielten Steigern der eigenen Produktivität bieten bewährte Methoden.

So viel vorab: Die Entscheidung, sich selbst und seine Zeit zu managen, betrifft in der Regel nicht nur den Beruf, sondern das ganze Leben. Im Job wie ein Uhrwerk funktionieren, um in der Freizeit durchzuhängen oder planlos eine Aktivität an die andere zu reihen – das wird mit großer Wahrscheinlichkeit nicht klappen. Zwar will kaum jemand sein Leben komplett durchtakten, die meisten Menschen wollen jedoch das Gefühl haben, dass ihr Tun einem Plan folgt und sich aktiv beeinflussen lässt. Die gute Nachricht: Wer sein Leben bewusst gestaltet, hat meist mehr davon und ist Umfragen zufolge zufriedener.

Im Job – vor allem im Homeoffice – trägt Selbstmanagement zu mehr Effektivität und Effizienz bei und hilft, Stress zu reduzieren. Wer sein Selbstmanagement verbessern will, braucht das richtige Handwerkszeug. Erst wenn man verschiedene Methoden jeweils mehrere Wochen lang konsequent angewendet hat, lässt sich sagen, welche zur eigenen Arbeitsweise passt. Häufig ergibt sich die Wirkung auch aus der Kombination mehrerer Methoden. Der Prozess des Ausprobierens ist etwas mühsam, lohnt sich aber.

Die SMART-Formel

Die SMART-Methode geht auf einen Artikel von George T. Doran aus dem Jahr 1981 zurück. Der damalige Direktor Unternehmensplanung bei der Washingtoner Water Power Company stellte darin fest, dass methodisches Definieren von Zielen Mitarbeitern half, konkrete Handlungen abzuleiten und ihre Erfolgschancen zu verbessern. Ob sich ein Ziel erreichen lässt, hatte Doran herausgefunden, hängt bereits von dessen Formulierung ab: Je unkonkreter, desto größer die Gefahr des Scheiterns und unterschiedlicher Interpretationen. Damit ein Ziel ein „gutes" Ziel ist, muss seine Formulierung gewisse Kriterien erfüllen. Diese verbergen sich hinter dem Akronym SMART:

- **Spezifisch:** Formulieren Sie Ziele so konkret wie möglich – im besten Fall in einem präzisen Satz, der das Vorhaben auf den Punkt bringt.
- **Messbar:** Bestimmen Sie Messgrößen – entweder quantitative (zum Beispiel

Umsatzsteigerung oder Zahl an Neukunden) oder qualitative (zum Beispiel höhere Kundenzufriedenheit). Für letztere benötigen Sie Indikatoren, um diese messbar zu machen (zum Beispiel Ergebnisse einer Kundenbefragung).

- **Attraktiv:** Planen Sie so, dass Sie auch Lust haben, Ihre Ziele zu erreichen. Dies funktioniert durch eine positive Formulierung, die dazu anregt, loszulegen und aktiv zu werden.
- **Realistisch:** Aufgaben sollten sich innerhalb der vorgegebenen Zeit und mit den vorhandenen Mitteln erfüllen lassen. Unrealistische Ziele lassen Sie dagegen schnell den Ansporn verlieren.
- **Terminiert:** Planen Sie Ziele zeitlich bindend: Was ist bis wann zu erfüllen? Jedes Ziel braucht einen zeitlichen Rahmen, eine Deadline, bis zu der Teilaufgaben erledigt werden sollen.

Beispiel: „Ich will künftig mehr Sport treiben." erfüllt die SMART-Kriterien nicht. Besser ist: „Ich gehe ab nächster Woche dienstags und donnerstags nach der Arbeit 45 Minuten joggen."

Nicht jedes Ziel muss zwingend alle fünf Kriterien erfüllen. Insbesondere die Kriterien „attraktiv" und „realistisch" kommen sich zuweilen in die Quere.

Die Pomodoro-Technik

Die Pomodoro-Technik wurde Anfang der 1980er-Jahre vom Italiener Francesco Cirillo entwickelt. Bei dieser Methode wechseln sich Phasen konzentrierten Arbeitens mit regelmäßigen Pausen ab. Auf diese Weise lassen sich Leistungsfähigkeit und Produktivität für längere Zeit hochhalten.

Ihren Namen verdankt die Pomodoro-Technik der Tatsache, dass Cirillo eine Eieruhr verwendete, die wie eine Tomate (ital. „pomodoro") aussah. Die Methode besteht aus folgenden Schritten:

1. **Formulieren:** Fixieren Sie die Aufgaben des Tages schriftlich – idealerweise bereits am Vorabend.
2. **Priorisieren:** Ordnen Sie die Aufgaben nach Wichtigkeit, zum Beispiel mithilfe einer To-do-Liste, der Eisenhower-Matrix oder der ABC-Methode (siehe S. 42 ff.).
3. **Einteilen:** Teilen Sie größere Aufgaben in Intervalle von 25 Minuten auf und tragen Sie diese in Ihren Tagesplan ein.
4. **Abarbeiten:** Stellen Sie Ihre Eieruhr, den Smartphone-Timer oder eine Pomodoro-App (siehe S. 38) und erledigen Sie die erste (Teil-)Aufgabe, bis die Zeit abgelaufen ist. Dann haken Sie sie auf der Liste ab.
5. **Pausieren:** Gönnen Sie sich fünf Minuten Verschnaufpause – dann haben Sie den ersten 30-Minuten-Zyklus, „Pomodoro" genannt, geschafft.
6. **Wiederholen:** Erledigen Sie nach diesem Muster zwei bis vier Pomodori und machen Sie anschließend eine längere Pause von 20 bis 30 Minuten.

Schneller Überblick

Die **Pomodoro-Methode** ist sehr einfach, steigert die Effizienz und wirkt dem Impuls entgegen, sich ablenken zu lassen. Die Technik eignet sich besser für das **hoch konzentrierte Arbeiten** wie Korrekturlesen als für kreative Aufgaben wie das freie Verfassen von Texten. Die meisten Menschen sind nicht in der Lage, sie von morgens bis abends anzuwenden, denn man **ermüdet vergleichsweise schnell**. Die **Länge der Zeitslots** sollte man auf seine eigenen Bedürfnisse anpassen.

Vorteile dieser Methode: Statt blind draufloszuarbeiten, zwingt man sich, seine Arbeitsschritte zu planen. Außerdem hilft die Pomodoro-Technik, sich immer nur einer Aufgabe zur gleichen Zeit zu widmen. Da pro Aufgabe nur eine begrenzte Zeit zur Verfügung steht, vermeidet man überflüssigen Perfektionismus. Das häufige Abhaken erledigter Aufgaben motiviert zum Weiterarbeiten – und wirkt zudem dem Drang entgegen, Unangenehmes aufzuschieben (Prokrastination). Die Pausen dienen der Regeneration – und helfen, sich anschließend wieder zu konzentrieren.

Nachteil: Das Prozedere ist recht starr. Nicht jede Aufgabe lässt sich in 25 Minuten lösen. Simple Lösung: Komplexe Aufgaben in Teilaufgaben gliedern und auf mehrere Pomodori aufteilen, mehrere einfache Aufgaben innerhalb eines Zyklus bündeln.

Wer einen Timer direkt im Internetbrowser nutzen will, findet mit Tomatoes, Marinara und Pomodoro webbasierte Apps. Tomighty ist ein quelloffener Pomodoro-Timer für Windows und macOS. Für Mobilgeräte eignet sich unter anderem die App Forest (Android und iOS). Extra-Tipp für Ablenkungsgeplagte: Das Plugin Strict Workflow für den Internetbrowser Chrome blockiert während laufender Pomodori den Zugriff auf Internetseiten.

Tipp: Passen Sie Anzahl und Dauer der Pomodori der Art der Aufgaben an. Erfordern diese eine hohe Konzentration, sollten die Pomodori eher kürzer werden. Um das Schwinden der Konzentrationsfähigkeit abzufedern, kann es zudem sinnvoll sein, Anzahl und Länge sämtlicher Pomodori von vornherein zu verändern und statt eines 25-25-25-25-Rhythmus zum Beispiel auf die Abfolge 35-25-25-15-10 zu setzen. Falls Sie keinen ganzen Tag mit der Pomodoro-Methode durchhalten, teilen Sie sich diesen in Blöcke ein – einen mit Pomodori, den anderen mit frei gestaltbarer Zeit.

Getting Things Done (GTD)

Getting Things Done – diese Strategie stellte der Produktivitätscoach David Allen 2001 in seinem gleichnamigen Buch vor (dt. „Wie ich die Dinge geregelt kriege“). Sie zielt da-

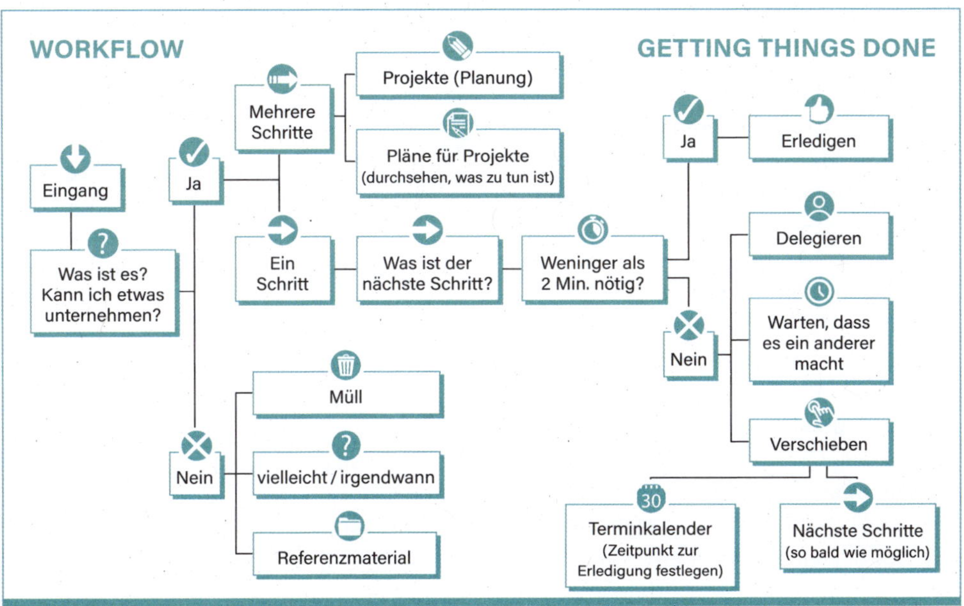

rauf ab, sowohl berufliche als auch private Verpflichtungen schriftlich festzuhalten. Die Idee ist, sämtliche Aufgaben in einem System aus Listen und Kalendern zu erfassen und seinen Geist frei für die anstehenden Herausforderungen zu machen. Das soll verhindern, dass man Aufgaben vergisst oder den Überblick verliert. Umfassendere Aufgaben untergliedert man bei dieser Methode in kleinere Teilaufgaben, für die man konkrete Termine festlegt.

1. **Sammeln:** Erfassen Sie alle zu erfüllenden Aufgaben in „Eingangskörben". Dabei kann es sich um physische Ablagekörbe oder ein Hängeregister handeln, aber auch um das E-Mail-Postfach, eine Software wie OneNote oder Evernote – oder eine Kombination von allem. Gesammelt werden sowohl wiederkehrende Aufgaben und zu beantwortende E-Mails, als auch vorbereitende Notizen für Besprechungen sowie allgemeine Ideen.
2. **Verarbeiten:** Im zweiten Schritt nimmt man jede einzelne Aufgabe zur Hand und fragt sich: Kann ich etwas unternehmen? Lautet die Antwort „Nein", kann die Aufgabe gelöscht werden. Bei einem „Ja" folgt die zweite Frage: Mache ich es selbst oder beauftrage ich jemanden damit? Entscheidet man sich, die Aufgabe selbst zu erledigen,

Schneller Überblick

Getting Things Done zielt darauf ab, alle Aufgaben in ein **leicht verfügbares System** zu übertragen und zu ordnen. Wer häufiger Termine vergisst, findet in der Methode eine gute Hilfe. Listen sorgen für **effizientes Abarbeiten von Aufgaben**. Durch das **Gliedern in Teilaufgaben** lässt sich zudem der eigenen Überforderung entgegenwirken. Nachteil: Prioritäten spielen bei GTD eine untergeordnete Rolle. Nutzer müssen zudem zahlreiche Gewohnheiten in kurzer Zeit verändern.

kommt die letzte Frage: Wann? Sofort, gleich oder später?

3. **Organisieren:** Hier werden die Aufgaben in die eben genannten Kategorien eingeteilt. Aufgaben, die wenig Zeit einnehmen, erledigt man sofort, um sie von der Liste streichen zu können. Gleich erledigt werden sollten wichtige Aufgaben, die mehr Zeit in Anspruch nehmen – gefolgt von weniger wichtigen, aber ebenfalls zeitaufwendigen Aufgaben.
4. **Durchsehen:** Punkt vier besteht in der Kontrolle der Zuordnung zu den drei Kategorien. Hier steht die Entscheidung an, ob beispielsweise ein Auftrag vom Bereich „Später" in den Bereich „Gleich" wandert oder sogar sofort erledigt werden muss.
5. **Erledigen:** Im letzten Schritt werden die Aufgaben gemäß ihrer Reihenfolge abgearbeitet.

Um zu entscheiden, wie mit einer Aufgabe zu verfahren ist, bietet Getting Things Done einen detaillierten Entscheidungsprozess (siehe Grafik S. 39): Lässt sich eine Aufgabe nicht innerhalb von zwei Minuten erledigen, wird sie auf eine passende Liste gesetzt, zum Beispiel „Projekte", „Nächste Schritte" oder „Warten auf". Termine werden in den Kalender eingetragen.

Tipp: Sichten Sie Ihre Listen mindestens einmal am Tag. Entscheiden Sie, welche Aufgaben Sie als nächste bearbeiten wollen.

Das Pareto-Prinzip

Das Pareto-Prinzip – auch „80-20-Regel" genannt – geht auf den italienischen Wirtschaftswissenschaftler Vilfredo Pareto zurück. Dieser erkannte bereits Anfang des 20. Jahrhunderts, dass in Italien 80 Prozent des Vermögens 20 Prozent der Bevölkerung gehören und empfahl damals den Banken, sich auf diese 20 Prozent als Kunden zu konzentrieren.

Übertragen auf ergebnisorientiertes Arbeiten besagt das Pareto-Prinzip, dass ein vergleichsweise geringer Ressourceneinsatz für besonders wichtige Aufgaben mehr zum Erfolg beiträgt als ein hoher Einsatz für relativ unwichtige Dinge. Faustregel: Mit 20 Prozent (Zeit-)Aufwand lassen sich 80 Prozent des Ergebnisses erzielen. Für die restlichen 20 Prozent ist ein überproportional hoher Arbeitsaufwand erforderlich. Dabei handelt es sich um eine Faustregel, die auf Erfahrungswerten beruht. Die Konsequenz: Aufgaben sollten in einer einfachen, absteigend geordneten Liste geordnet und der Reihe nach abgearbeitet werden.

Man ordnet seine Aufgaben am besten nach dem Anteil, den ihre Erledigung zum Erreichen von persönlichen oder Unternehmenszielen beiträgt – und erledigt diese dann bevorzugt.

Tipp: Vernachlässigen Sie die unteren 20 Prozent nicht völlig – aber versuchen Sie, diese mit überschaubarem Aufwand zu bearbeiten. Zum Beispiel ist es ineffizient, Formulierungen in einer eher unwichtigen E-Mail aufwendig zu überarbeiten, wenn man sich in derselben Zeit um einen Kunden kümmern kann, der der Firma viel Umsatz bringt.

Schneller Überblick

Das Pareto-Prinzip besagt, dass Aufwand und Nutzen nicht gleich verteilt sind. Es hilft, **Aufgaben zu priorisieren** und weniger wichtige zu delegieren oder auf später zu verschieben. Durch die Anwendung der Regel lässt sich **Struktur schaffen** und die **Aufmerksamkeit auf die wichtigen Dinge** richten.

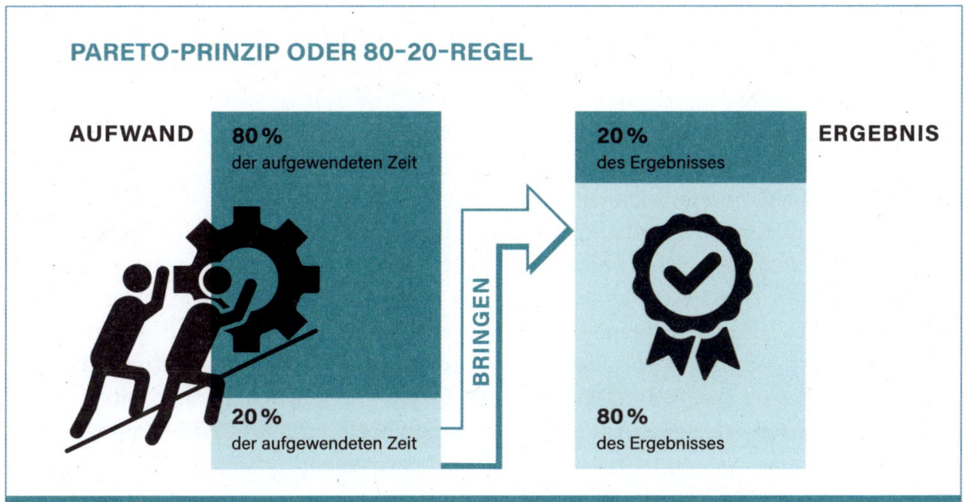

Schneller Überblick

Die ABC-Methode ist eine sehr einfache Methode zur Prioritätensetzung. Man teilt **Aufgaben in drei Kategorien** ein und weist diesen ein Zeitbudget zu. Dazu verwendet man möglichst **klare Kriterien**. Als Tool reicht eine Datei in der Tabellenkalkulation mit Spalten für Aufgaben, Priorität und Kriterien völlig aus. Nachteil: Sind Aufgaben zu komplex und Ziele zu unklar für eine ABC-Einteilung, ist man auf andere Analysewerkzeuge angewiesen.

Die ABC-Analyse

Eine Verfeinerung des Pareto-Prinzips ist die ABC-Analyse. Bei ihr werden die zu erledigenden Aufgaben nicht pauschal in die wichtigsten 20 Prozent und den großen Rest eingeteilt, sondern nach ihrer Wichtigkeit in die drei Kategorien A, B und C einsortiert. Diese Kategorien definieren sich wie folgt:

- **A-Aufgaben:** Sehr wichtige Aufgaben, die entscheidend zum Erreichen der Ziele beitragen, zum Beispiel viel Umsatz bringen – sofort erledigen!
- **B-Aufgaben:** Weniger wichtige Aufgaben, zum Beispiel Zusatz- und Verwaltungstätigkeiten – delegieren oder später erledigen!
- **C-Aufgaben:** Unwichtige Aufgaben – delegieren oder verwerfen!

Der Gedanke hinter dieser Methode: Bereits mit relativ überschaubarem Ressourceneinsatz (hier: dem Erledigen der A- und eingeschränkt der B-Aufgaben) lässt sich ein großer Anteil zum Erfolg beitragen – vorausgesetzt, man hat die Aufgaben und die Wege zu ihrer Lösung korrekt identifiziert.

Eigentlich ist die ABC-Methode ein Tool für die Unternehmensplanung. General-Electric-Manager H. Ford Dickie entwickelte sie Anfang der 1950er-Jahre für den Bereich Materialwirtschaft. Sie kommt jedoch beispielsweise auch in der Lagerhaltung und bei der Kundenverwaltung zum Einsatz – vor allem deshalb, weil sie äußerst einfach anwendbar ist. Alles, was man dafür braucht, ist eine simple Tabelle.

Im Selbstmanagement dient die ABC-Methode dem Verwalten von Aufgaben und dem Zuweisen von Zeitbudgets. Mit ihrer Hilfe kann man dafür sorgen, dass wichtigen Aufgaben genügend Bearbeitungszeit eingeräumt wird.

Tipp: Klassifizieren Sie zunächst sorgfältig Ihre Aufgaben. Für die Grenzen zwischen den drei Kategorien existieren keine allgemeingültigen Vorgaben – in vielen Fällen werden Sie selbst eine Abgrenzung entwickeln müssen. Behalten Sie dabei Ihre eigenen beziehungsweise die vorgegebenen Ziele im Auge.

Das Eisenhower-Prinzip

Diese Mischung aus klassischen Zeitmanagement-Elementen und einer simplen Postkorbübung geht auf den früheren General und US-Präsidenten Dwight D. Eisenhower zurück. Das Eisenhower-Prinzip beruht auf der Tatsache, dass man den meisten Aufgaben nicht ausschließlich die Attribute „wichtig/unwichtig" (siehe ABC-Analyse), sondern auch „dringend/nicht dringend" zuweisen kann. Dadurch ergeben sich vier Klassen von Aufgaben:

- **Klasse 1:** Wichtig und dringend.
- **Klasse 2:** Wichtig, aber nicht dringend.
- **Klasse 3:** Dringend, aber nicht wichtig.
- **Klasse 4:** Nicht wichtig und nicht dringend.

Jeder der vier Aufgabenklassen ist eine bestimmte Handlung zugeordnet:

- **Aufgaben der Klasse 1** müssen sofort erledigt werden.
- **Aufgaben in Klasse 2** tragen Sie im Kalender ein und arbeiten Sie möglichst bald ab.
- **Aufgaben in Klasse 3** delegieren Sie nach Möglichkeit an Kollegen oder Dienstleister.
- **Aufgaben in Klasse 4** können Sie auf einen Extra-Stapel legen beziehungsweise in einem Extra-Ordner speichern und irgendwann erledigen – oder einfach in den Papierkorb werfen/löschen.

Wer ohne diese Matrix Aufgaben priorisiert, gerät häufig in die „Dringlichkeitsfalle":

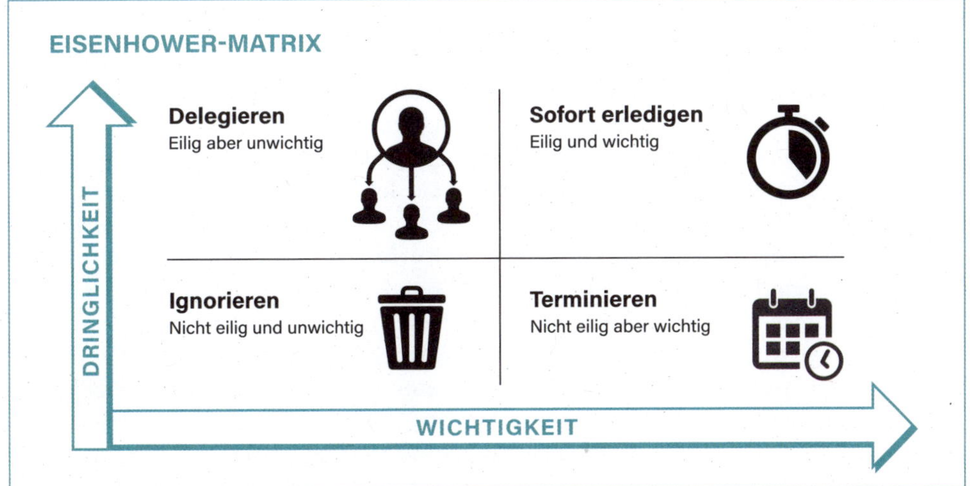

Schneller Überblick

Das Eisenhower-Prinzip ist **einfach zu verstehen und anzuwenden**. Es hilft, Aufgaben zu gewichten und **steigert die Effizienz**. Doch während sich die Dringlichkeit anhand von Deadlines etc. gut einschätzen lässt, ist dies bei der Wichtigkeit oft nicht der Fall – vor allem bei komplexen Aufgaben. Zudem sind „wichtige" Aufgaben nur selten „nicht dringend". Folge: Das Feld „wichtig und dringend" kann sehr voll werden und die Aufgaben können sich trotz Priorisierung stauen.

Wichtiges, das zugleich dringend ist, wird dann zwar zuerst erledigt – anschließend erhalten jedoch dringende, aber nicht wichtige Aufgaben (Gruppe 3) den Vorzug vor wichtigen, aber nicht dringenden Aufgaben (Gruppe 2). Ziel eines guten Selbstmanagements ist es, diese beiden Prioritäten dauerhaft zu vertauschen.

Tipp: Wollen sie auf das Eisenhower-Prinzip setzen, sollten Sie zunächst eine Zeit lang üben, Aufgaben mit den Attributen „wichtig/unwichtig" und „dringend/nicht dringend" zu versehen. Sobald Ihnen das in Fleisch und Blut übergegangen ist, legen Sie eine Matrix nach dem Muster in der Abbildung auf Seite 43 an, tragen Ihre Aufgaben in die entsprechenden Felder ein und arbeiten sie ab.

Die ALPEN-Methode

Auch die ALPEN-Methode dient der besseren Strukturierung der Arbeitszeit. Sie gehört zu den populärsten und einfachsten Zeitmanagement-Konzepten. Schöpfer der Methode ist der deutsche Ratgeberautor Lothar J. Seiwert. Die Grundidee besteht darin, jeden Tag einige Minuten für das Erstellen eines schriftlichen Tagesplans aufzuwenden. Dieser Vorgang lässt sich in fünf Schritte gliedern:

- **Aufgaben definieren:** Verschaffen Sie sich eine Übersicht über alle zu erledigenden Aufgaben. Notieren Sie auch kleinere Aufgaben und Routinetätigkeiten ungeordnet in einer To-do-Liste.
- **Länge schätzen:** Schätzen Sie die Zeit, die Sie für die Erledigung jeder Aufgabe benötigen. Die Summe gibt Ihnen eine Orientierung, ob Sie Ihr geplantes Tagespensum bewältigen können. Legen Sie, wenn möglich, konkrete Deadlines fest – auch für Telefonate und Meetings.
- **Pufferzeiten einplanen:** Was in anderen Konzepten oft fehlt, sind Ablenkungen, Verzögerungen und Unterbrechungen. Es gibt sie in der Praxis aber fast immer. Verplanen Sie deshalb nicht mehr als 60 Prozent Ihrer Arbeitszeit und reservieren Sie idealerweise 40 Prozent für unerwartete Ereignisse, soziale Aktivitäten sowie ausreichende Pausen.

- **Entscheidungen treffen:** Der wichtigste und zugleich schwierigste Schritt der ALPEN-Methode besteht im Setzen von Prioritäten. Entscheiden Sie, welche Aufgabe(n) Sie zuerst, welche im weiteren Tagesverlauf und welche überhaupt nicht bearbeiten. Nutzen Sie dafür Methoden wie Pareto-Prinzip, Eisenhower-Matrix und ABC-Analyse. Wichtig: Versehen Sie Aufgaben mit konkreten (Uhr-)Zeiten – so sehen Sie, ob fixe Termine mit frei gestaltbarer Zeit kollidieren. Machen Sie auch die Pausen zu „Tagesordnungspunkten".
- **Nachkontrolle:** Prüfen Sie an jedem Abend, wie gut Ihre Planung aufgegangen ist und ob Sie Ihre Ziele erreicht haben. Trotz guter Planung kann es vorkommen, dass die zur Verfügung stehende Zeit einfach nicht ausreicht, um all Ihre Aufgaben an einem Tag zu erledigen, etwa weil Ihre Leistungskurve abnimmt oder Sie in die Prokrastinationsfalle tappen. Setzen Sie Nicht-Erledigtes dann auf die Liste für den Folgetag – und lassen Sie Ihre Erfahrungen in künftige Planungen einfließen!

Schneller Überblick

Die ALPEN-Methode ist einprägsam und einfach zu erlernen. Sie ist insbesondere für Menschen geeignet, die sich gern verzetteln und den Überblick über Aufgaben verlieren. Die **relativ feste Zeiteinteilung** sorgt für mehr Produktivität. Ein weiterer Vorteil sind die von vornherein eingeplanten **Pufferzeiten** und die **konsequente Priorisierung**. Die Methode eignet sich vor allem für **Einzelkämpfer**, die ihre Zeit ohne Rücksicht auf Vorgesetzte und Kollegen verplanen können.

Timeboxing

Timeboxing ist ein Verfahren aus dem Zeitmanagement, das vom berühmten „Parkinsonschen Gesetz" beeinflusst ist. Hintergrund: Der Anfang der 1950er-Jahre nach Malaysia versetzte englische Soziologe Cyril Northcote Parkinson hatte angesichts der aufgeblähten Kolonialverwaltung in dem südostasiatischen Land festgestellt, dass Arbeiten „anschwellen" und umso länger dauern, je mehr Leute daran beteiligt sind. Daraus leitete Parkinson das – nicht ganz ernst gemeinte – Gesetz ab, wonach das Erledigen einer Aufgabe immer genauso lange dauert, wie Zeit dafür zur Verfügung steht. Es liegt auf der Hand, dass dabei jede Menge Zeit und Arbeitskraft vergeudet werden. Diese Erkenntnis veröffentlichte er 1957 zusammen mit anderen Leitsätzen in seinem Buch „Parkinsons Gesetz".

Timeboxing greift genau an diesem Punkt ein und begrenzt die verfügbare Zeit auf ein sinnvolles Maß. Die praktische Um-

Schneller Überblick

In seiner Umsetzung ist das **Timeboxing** einfacher als viele andere Selbstmanagement-Methoden. Es verlangt keine komplizierten Abläufe, für die es wochenlange Übung braucht, um sie zu verinnerlichen. Die **Zeitfenster** sind **für jeden geeignet und sofort umsetzbar**. Die jeweils korrekte Länge zu definieren, benötigt etwas Übung – die vorgegebene Zeit nicht zu überschreiten, eine Menge **Disziplin**.

setzung sieht so aus, dass für Aufgaben und Projekte klar definierte Zeitfenster („Timeboxes") erstellt werden. Statt einfach loszulegen, wird durch das Timeboxing eine klare Planung und Struktur erstellt. Sie zeigt, wann genau und wie lange welche Teilaufgabe erledigt wird.

Durch die klaren Zeitfenster und die feste Zuordnung der Aufgaben und Abläufe entstehen beim Timeboxing zahlreiche Optionen, um Ergebnisse, Effizienz und Produktivität deutlich zu steigern.

Ein weiterer Vorteil der Methode ist eine teilweise deutlich gesteigerte Konzentration. Dank der Zeitblöcke springt man bei der Arbeit nicht ständig zwischen Aufgaben hin und her, sondern fokussiert sich auf die aktuell wichtige Aufgabe.

Damit die Timeboxing-Methode auf Dauer funktioniert, gilt es, folgende vier Regeln zu beherzigen:

- **Timeboxen erstellen:** Egal, ob Sie das Timeboxing auf einen einzelnen Arbeitstag, eine ganze Woche oder ein Projekt anwenden: Bilden Sie in jedem Fall Fenster für die volle zur Verfügung stehende Zeit. Wer nur einen Teil der Zeit in Zeitfenster unterteilt, verschenkt positive Effekte und riskiert nach Abarbeiten der letzten Timebox einen Rückfall in den alten Trott.
- **Frühzeitig anfangen:** Zeitfenster sind relativ schnell erstellt, dennoch ist es sinnvoll, die zeitlichen Rahmen bereits am Vortag oder zu Beginn eines Projekts festzulegen. So können Sie sich auf die einzelnen Aufgaben konzentrieren.
- **Konzept durchziehen:** Die größte Herausforderung besteht darin, ausreichend Disziplin aufzubringen, um das Konzept durchzuziehen. Also: Lassen Sie sich nicht ablenken, halten Sie die Zeitfenster ein und arbeiten Sie zur geplanten Zeit tatsächlich an den vorgesehenen Aufgaben. Machen Sie keine Ausnahmen und trainieren Sie, die Vorgaben zu berücksichtigen.
- **Konkret planen:** Die besten Ergebnisse erzielen Sie erfahrungsgemäß, wenn Sie Ihre Aufgaben im Vorfeld möglichst genau planen. Gehen Sie ruhig ins Detail und halten Sie haarklein fest, was Sie in jeder Timebox erledigen wollen.

Konzentriert arbeiten – Ablenkungen widerstehen

Sich auf die Arbeit zu konzentrieren ist oft gar nicht so einfach. Hier erfahren Sie, wie Sie Ihre Aufmerksamkeit schärfen und unerwünschte Unterbrechungen minimieren können.

Stellen Sie sich vor, Sie haben ein Kundengespräch oder eine Präsentation vorzubereiten. Sie versuchen, sich zu konzentrieren – doch ständig klingelt das Telefon oder zeigt ein halblautes „Ping!" den Eingang einer neuen Mail an. Dazwischen vibriert immer wieder Ihr Smartphone auf der Schreibtischplatte. Logisch, dass Sie so keinen klaren Gedanken fassen können.

Szenarien wie dieses sind dafür verantwortlich, dass viele Menschen das Homeoffice vor allem als Ort schätzen, an dem man „endlich mal zum Arbeiten kommt". Doch wer nicht aufpasst, gerät vom Regen in die Traufe: Die vertraute Umgebung und das Fehlen des in der Firma herrschenden Leistungsdrucks sorgen dafür, dass keine Arbeitsatmosphäre aufkommt.

Zudem treffen wir auf neue Ablenkungen: So drängt sich gern die Hausarbeit ins Blickfeld. Und selbst, wenn man eisern am Schreibtisch sitzt – für Bildschirmarbeiter ist die nächste Ablenkung immer nur ein paar Mausklicks entfernt, sei es die Nachrichtenseite, das Reiseportal oder der eigene Social-Media-Account.

→ Konzentration

Der Begriff Konzentration leitet sich vom lateinischen Wort „concentra" ab, das so viel wie „zusammen zum Mittelpunkt" bedeutet. Man versteht darunter das bewusste Fokussieren der eigenen Aufmerksamkeit auf eine Tätigkeit, ein Ziel oder eine Aufgabe. Wer sich konzentriert, ist für eine bestimmte Zeit vertieft in den Moment, in die gerade ausgeübte Tätigkeit. Ein hohes Konzentrationsniveau lässt sich jedoch nur über einen begrenzten Zeitraum hinweg aufrechterhalten. Bei den meisten Menschen sind das ca. 90 Minuten. Danach brauchen die grauen Zellen eine Pause.

Die Computerwissenschaftlerin Gloria Mark von der University of California ermittelte 2016, dass Büroarbeiter im Schnitt gerade einmal 40 Sekunden am Stück auf ihr Computerdisplay schauen. Dann werden sie abgelenkt – etwa indem sie den Bildschirminhalt wechseln. In rund der Hälfte der Fälle ist es Mark zufolge keine äußere Einwirkung, die die Aufmerksamkeit ablenkt, sondern der Nutzer selbst! Dieser wendet sich mindestens zwei anderen Aufgaben zu, bevor er zu seiner ursprünglichen Tätigkeit zurückkehrt. Das geschieht im Schnitt nach rund 25 Minuten. Mit anderen Worten: Aus 30 Sekunden, um seinen Twitter-Account zu checken oder seinen Whatsapp-Status zu aktualisieren, werden – inklusive erneutes Eindenken in die eigentliche Aufgabe – rund 30 Minuten weitgehend unproduktive Zeit.

Zusätzlich führt das Gefühl, seine Aufgaben nur schleppend zu erfüllen, zu schlechter Laune und erhöhtem Stress. Und: Menschen, die sich häufig selbst von der Arbeit ablenken, bekommen mit der Zeit immer gravierendere Konzentrationsprobleme. Irgendwann schaffen sie es kaum noch, sich selbst so zu kontrollieren, dass sie längere Zeit bei einer Sache bleiben können.

Günstiges Umfeld schaffen

Wer konzentriert arbeiten will, sollte sich körperlich und seelisch wohlfühlen. Konzentrationsschwierigkeiten lassen sich in vielen Fällen verringern oder abstellen, indem man ein paar „große" Weichen stellt.

- **Schreibtisch aufräumen:** Stapeln sich Unterlagen auf dem Schreibtisch, geht der Überblick verloren und die Zahl der potenziellen Ablenkungen ist groß. Wer Dinge nicht griffbereit hat, muss sie erst suchen. Tipp: Legen Sie am besten nur Unterlagen auf den Schreibtisch, die Sie für die jeweilige Aufgabe benötigen.
- **Für Ruhe sorgen:** Im Homeoffice sollte man seinen Arbeitsplatz möglichst in einem separaten Raum einrichten. Ansonsten bleibt nur, die Familie um Rücksicht zu bitten und auch Kindern klare Ansagen zu machen. Bringt das keinen Effekt, helfen zumindest zeitweise Ohrstöpsel oder Kopfhörer mit aktiver Geräuschunterdrückung – Stichwort: „Noise Cancelling"-Technologie.
- **Ausreichend essen und trinken:** Stellen Sie sich ausreichend Wasser oder ungesüßten Tee bereit, am besten eine

---

Energiezufuhr. Cola, Schokolade, Powerriegel – Zucker kann geistig aktiver machen. Das fanden Wissenschaftler um Matthew Sanders von der Universität Georgia in den USA heraus. Probanden, die ihren Mund vor einem Test mit Limonade spülten, schnitten besser ab als die Vergleichsgruppe. Allerdings bringt der Zuckereffekt nur kurzfristige Leistungsschübe. Wer die Konzentration über einen längeren Zeitraum halten will, benötigt komplexe Kohlenhydrate, wie sie Obst, Gemüse und Nüsse enthalten.

Kanne für den Vor- und eine für den Nachmittag. Insgesamt sollten Sie pro Tag auf anderthalb bis zwei Liter kommen. Auch leichte Gerichte sind der Konzentration förderlich. Gegen ein nahendes Tief hilft schnelle Energie, wie sie beispielsweise ein Stück Schokolade oder Traubenzucker liefern.

- **Pausen machen:** Wer keine Pausen macht, dem geht lange vor dem Feierabend die Puste aus. Faustregel: Längere Pausen sind besser als kürzere, durch Konzentrationsprobleme erzwungene Unterbrechungen. Übrigens bietet das Homeoffice die ideale Voraussetzung, um in der Mittagspause ein Schläfchen einzulegen, das jedoch nicht länger als 15 bis 20 Minuten dauern sollte.

Störgrößen identifizieren

Grundsätzlich ist es in einer lauten Umgebung schwieriger, sich auf eine Aufgabe zu fokussieren. Große Probleme verursacht bei vielen Menschen die Arbeit im Großraumbüro – die Palette reicht von der Vielzahl an Sinneseindrücken über schlechte Beleuchtung bis zu fehlenden Arbeitsmitteln. Ist es zudem üblich, Kollegen bei jeder Frage mündlich zu kontaktieren, ist die Anzahl an Unterbrechungen deutlich höher als bei schriftlichem und asynchronem Kommunizieren (siehe S. 68 f.).

Im Homeoffice treten externe Einflüsse meist in deutlich abgeschwächter Form auf. Lassen die Unterbrechungen ein konzentriertes Arbeiten über längere Zeiträume dennoch nicht zu, sollten Sie versuchen, Störgrößen auszuschalten (siehe Checkliste S. 51). Ist das nicht möglich, versuchen Sie, den Zeitverlust zu minimieren. Zwei Strategien haben sich dabei als besonders erfolgreich erwiesen:

- **Aufgabe beenden:** Bringen Sie möglichst erst Ihre (Teil-)Aufgabe zu Ende. Das ist günstiger, als zwischendurch auszusteigen. „Einen kleinen Moment noch, ich bin gleich für Sie da", ist als Zwischenmeldung überaus hilfreich.
- **Pause vorbereiten:** Bevor Sie Ihre Arbeit unterbrechen: Notieren Sie sich, wo Sie stehen geblieben sind oder halten Sie Ihren letzten Gedanken schriftlich fest. Anschließend wissen Sie schneller, wo Sie wieder einsteigen müssen.

Auch Krankheiten oder körperliche Probleme – zum Beispiel Erkrankungen der Schilddrüse oder ein schwankender Blutzuckerspiegel – können dafür sorgen, dass wir uns nur schwer konzentrieren können. Dasselbe gilt für Schlafstörungen, niedrigen Blutdruck, Demenzerkrankungen sowie Depressionen. Wer unter Symptomen leidet, sollte einen Arzt konsultieren, um als Nebeneffekt einer Therapie auch das eigene Konzentrationsvermögen zu verbessern.

Tipp: Beobachten Sie einige Tage lang, ob es Ihnen generell schwerfällt, sich zu konzentrieren, oder ob Sie nicht vielmehr häufig von Ihrer Arbeit abgelenkt werden – oder sich selbst ablenken. Notieren Sie im letzteren Fall die häufigsten Gründe für Unterbrechungen. Sind es eingehende Telefonate und Chatnachrichten sowie aufpoppende Benachrichtigungen über neue E-Mails oder können Sie Ihre Finger nicht von Smartphone und Social Media lassen? Haben Sie Einflussgrößen identifiziert, können Sie gezielt vorgehen, um diese auszuschalten.

Konzentrationsübungen nutzen

Wichtig zu wissen: Die Fähigkeit, sich auf eine Sache zu konzentrieren, können wir verund – entsprechende Anstrengungen vorausgesetzt – auch wieder erlernen. Letzteres ist eine Frage des täglichen Trainings. Gute Ergebnisse lassen sich bereits mit einfachen Übungen erzielen – wenn man sie regelmäßig anwendet.

Tipp: Nehmen Sie sich zu Beginn nicht zu viel auf einmal vor, sondern steigern Sie Ihr Pensum schrittweise. Verloren gegangenes Konzentrationsvermögen lässt sich nur mit etwas Ausdauer wieder aufbauen.

Hier eine Auswahl geeigneter Übungen:

1. **Buchstaben zählen:** Legen Sie sich einen Zeitungsartikel oder eine Buchseite vor und zählen Sie, wie oft ein einzelner Buchstabe darin vorkommt. Lesen Sie den Text zweimal durch, markieren Sie alle Fundstellen und notieren Sie sich, wie viele Treffer Sie beim ersten Lesen übersehen haben. Üben Sie dieses Vorgehen so lange, bis Sie keine oder kaum noch Treffer übersehen. Steigern Sie dann die Schwierigkeit: Zählen Sie erneut einzelne Buchstaben aus – dieses Mal jedoch, ohne die Fundstellen zu markieren.
2. **Rückwärtsschreiben:** Nehmen Sie sich Stift und Zettel und versuchen Sie, einen Text in Spiegelschrift von rechts nach links zu schreiben – zunächst in Druckbuchstaben, wer mag, kann auch Schreibschrift versuchen. Wer beides nicht schafft, schreibt als Zwischenschritt die Buchstaben von links nach rechts in umgekehrter Reihenfolge.

Stille Stunde. Tür zu, E-Mails aus, Smartphone weg und mal keine Kollegengespräche führen – „stille Stunden" ohne externe Reize lassen die Qualität anspruchsvoller Arbeiten merklich steigen. In einer Studie wies Cornelius König, Professor für Arbeits- und Organisationspsychologie an der Universität des Saarlandes, nach, dass Arbeitnehmer anschließend den Rest des Tages als produktiver und zufriedenstellender wahrnehmen. Größtes Hindernis: Der oder die Vorgesetzte muss mitspielen.

Checkliste

Weniger Störungen – mehr Konzentration

- ☐ **Reden, chatten, mailen, texten** etc. frisst jede Menge Zeit – und sollte idealerweise nicht in homöopathischen Dosen über den Tag verteilt, sondern in geballter Form erfolgen. Wer sich dadurch Freiräume schafft, kann diese für konzentriertes Arbeiten nutzen.
- ☐ **Öffnen** Sie Ihr E-Mail-Programm nicht öfter als alle zwei bis drei Stunden zum blockweisen Lesen/Beantworten von Mails und schließen Sie es danach zügig wieder.
- ☐ **Schalten** Sie alternativ die Erinnerungsfunktion für neu eingehende E-Mails aus. Dasselbe gilt für das Smartphone (E-Mail, SMS, Messenger), wenn es während der Arbeit auf dem Schreibtisch liegt.
- ☐ **Begrenzen** Sie die Menge an E-Mails, indem sie nicht genutzte Newsletter etc. abbestellen.
- ☐ **Organisieren** Sie sich störungsfreie Stunden, indem Sie eingehende Telefonanrufe nach Absprache auf einen Kollegen umleiten und bei Gelegenheit dasselbe für ihn tun.
- ☐ **Installieren** Sie einen Internetblocker wie Rescue Time oder Cold Turkey. Dieser lässt sich so konfigurieren, dass sich bestimmte Websites zeitweise nicht aufrufen lassen.
- ☐ **Öffnen** Sie zu lesende/bearbeitende Dokumente im Vollbildmodus – das verhindert, dass Ihr Blick auf gleichzeitig geöffnete Fenster fällt, deren Inhalt Sie ablenkt.
- ☐ **Nutzen** Sie Kommunikationstools auf mobilen Endgeräten, zum Beispiel Tablet oder Netbook, und reservieren Sie den stationären Rechner bzw. den Laptop für produktive Tätigkeiten.
- ☐ **Setzen** Sie auf asynchrone Kommunikation. Ist etwas nicht wirklich dringend, rufen Sie Ihr Gegenüber nicht an, sondern schicken ihm eine E-Mail oder Chatnachricht. Lesen Sie die Antwort erst, wenn Sie Zeit haben. Unterscheiden Sie im Team zwischen Anliegen, wegen derer man Kollegen anrufen darf und Dingen, die per E-Mail oder Chatnachricht kommuniziert werden.

3. **Quersummen ziehen:** Zählen Sie im Kopf alle Ziffern Ihrer Handy- oder Kontonummer zusammen und ermitteln Sie so die Quersumme. Diese Übung lässt sich nebenbei mit allen möglichen mehrstelligen Zahlen machen, die Ihnen begegnen.
4. **Phrasenzählen:** Zählen Sie in Meetings, wie oft inhaltsleere Ausdrücke wie „zielführend", „zeitnah" oder „proaktiv" beziehungsweise nervige Redewendungen wie „am Ende des Tages", „out-of-the-box denken" oder „sich zu etwas committen" vorkommen – aber passen Sie auf, dass Sie den eigentlichen Inhalt nicht verpassen.
5. **Koffer packen:** Nein, nicht wirklich, gemeint ist das Kinderspiel! Es funktioniert aber nur, wenn mehreren Personen mitmachen. Der erste Teilnehmer sagt „Ich packe in meinen Koffer eine Zahnbürste.", der zweite: „Ich packe in meinen Koffer eine Zahnbürste und zwei T-Shirts." Und so geht es weiter.
6. **Rückwärts erinnern:** Wissen Sie noch, was Sie heute gemacht haben? Erzählen Sie es nach Feierabend Ihrer Partnerin oder einem Bekannten – aber mit dem letzten Ereignis beginnend!
7. **Begriffe finden:** Nehmen Sie ein langes Wort und kombinieren Sie dessen Buchstaben zu neuen Begriffen. So verbergen sich in „Konzentration" unter anderem die Wörter „Note", „Ration", „Rate" und „Trotz".

Tipp: Falls Sie für Konzentrationsübungen Ihr Smartphone oder Tablet nutzen wollen, finden Sie in App Store (iOS/iPadOS) und Google Play (Android) massenhaft „Gehirnjogging"-Apps wie NeuroNation, Lumosity und Peak.

Regelmäßig meditieren

Im Grunde ist Meditation ein Ausrichten des Bewusstseins auf einen Inhalt, indem man dieses entweder aktiv lenkt oder sich in einem passivem Zustand des Loslassens und Beobachtens darauf fokussiert (siehe auch S. 108). Insofern bedingen Meditation und Konzentration einander. Bereits kurze Einheiten wirken sich positiv auf Gehirnleistung und Konzentrationsvermögen aus.

Beim Meditieren können Sie sich beispielsweise auf die eigene Atmung oder den Herzschlag konzentrieren – oder die Flamme einer Kerze oder das Ticken einer Uhr. Anfangs reichen zwei bis drei Minuten nach dem Aufstehen oder vor dem Schlafengehen: Hinsetzen, Augen schließen, atmen. Wichtig ist, sich nicht unter Druck zu setzen. Schweifen die Gedanken zu Beginn häufiger ab, verfolgen Sie sie bewusst nicht weiter. Lassen sie sich nicht ausblenden, fangen Sie noch einmal von vorn an.

Mit etwas Übung steigern Sie sich auf 15 bis 20 Minuten ca. viermal pro Woche. Das reicht aus, um die geistigen Fähigkeiten messbar zu verbessern. Forscher beobachteten bei Meditierenden zudem weniger Angstgefühle und Müdigkeit.

Untermalung Mit Instrumentalmusik und Umgebungsgeräuschen lässt sich die eigene Konzentration gezielt fördern.

Tipp: Wer mit Hilfe einer App meditieren will, sollte sich vorab informieren – nicht jede ist geeignet. Aktuelle Testergebnisse finden Sie auf test.de/meditation.

Akustisches Ambiente schaffen

Viele Menschen empfinden Instrumentalmusik in geringer bis moderater Lautstärke als konzentrationsfördernd. Auch Studien belegen deren Wirksamkeit. Während temporeiche Musikstücke für einfache Tätigkeiten hilfreich sein sollen, raten Forscher bei komplexen Aufgaben zu ruhigeren Titeln oder klassischer Musik. Wer nicht selbst nach passender Untermalung suchen will, findet bei Streamingdiensten wie Spotify, Amazon Prime Music und Soundcloud jede Menge Playlists für konzentriertes Arbeiten.

Andere sind kreativer, wenn sie keine Musik hören, sondern sich von Stimmen oder anderen Umgebungsgeräuschen („Ambient Noises") berieseln lassen. Im Internet gibt es das passende akustische Ambiente für jeden Geschmack – ob Stimmengewirr im Café, Kaminfeuer, Meeresrauschen oder zwitschernde Vögel.

Darüber hinaus gibt es speziell für die Aktivierung bestimmter Hirnregionen konzipierte Sounds wie weißes, braunes oder pinkes Rauschen. Nutzer finden auf Websites wie asoftmurmur.com unzählige Arten von Geräuschen. Zur Auswahl stehen unter anderem „Regen", „Gewitter", „Wind", oder „Café". Tendenziell sind natürliche Geräusche der Konzentration förderlicher als menschgemachte. A Soft Murmur gibt es auch als App für Android und iOS.

Tipp: Auf noisli.com oder mynoise.net lassen sich Sounds sogar kombinieren, etwa Meeresrauschen und Grillenzirpen.

Selbstmotivation stärken

Ohne vorgegebene Abläufe und Kollegenkontakt droht Lustlosigkeit. Höchste Zeit, sein Aufgabenspektrum neu auszurichten.

Die Arbeit nimmt in unserem Leben einen wichtigen Platz ein. Wie wir unseren Job erledigen, trägt viel zu unserer Lebensqualität bei. Eine hohe Motivation verschafft uns Zufriedenheit und Spaß bei der Arbeit – das wiederum wirkt auf unsere Gesundheit zurück: Die Gefahr für Depressionen und Burnout sinkt. Umgekehrt sorgt das Fehlen von Motivation nicht nur für Unzufriedenheit, sondern erhöht die Risiken für unsere Gesundheit. Auch Unternehmen profitieren von motivierten Mitarbeitern. Wer motiviert arbeitet, leistet mehr, ist innovativer, fehlt seltener, macht weniger Fehler und bleibt länger im Unternehmen.

→ Selbstwirksamkeit

Maßgeblich für unsere Motivation ist die feste Überzeugung, tatsächlich etwas zu können. Umgangssprachlich sprechen wir von Selbstvertrauen oder auch Selbstbewusstsein. In der Psychologie hat sich das Konzept der Selbstwirksamkeit entwickelt. Selbstwirksamkeit ist der Glaube einer Person, dass sie fähig ist, eine bestimmte Aufgabe in einem bestimmten Kontext erfolgreich zu erledigen. Menschen mit hoher Selbstwirksamkeit suchen sich realistische und anspruchsvolle Ziele aus, zeigen höhere Ausdauer, verfolgen Ziele hartnäckiger, steigern ihre Anstrengung in schwierigen Situationen und zeigen eine höhere Resilienz. Selbstwirksamkeit lässt sich steigern durch Erfolgserlebnisse, den Aufbau relevanter Kompetenzen, das Orientieren an Vorbildern und den Glauben anderer in die eigene Kompetenz.

Ex- und intrinsische Motivation

Was ist es, dass uns produktiv werden und Aufgaben mit ganzer Kraft erledigen lässt? Eine große Rolle spielt das Ausmaß, in dem Aufgaben mit unseren Fähigkeiten und Interessen übereinstimmen. Je größer die Schnittmenge, desto größer die Motivation. Hinzu gesellen sich Faktoren, die nicht aus der Arbeit, sondern vom Ergebnis her motivierend wirken – die extrinsischen Faktoren. Zu ihnen gehören bestimmte Anreize:

- **Finanzielle Vergütungen** (zum Beispiel Gehaltserhöhung, Prämie)
- **Materielle Anreize** (zum Beispiel Dienstwagen, Reisegutschein)

- **Lob** (zum Beispiel mündlich geäußerte Anerkennung)
- **Sozialer Status** (zum Beispiel as Vorgesetzter oder Experte)
- **Entwicklungsmöglichkeiten** (zum Beispiel Beförderungen, Fortbildungen)

Dagegen hat die intrinsische Motivation mit der Frage zu tun, inwieweit das Aufgabenspektrum den eigenen Fähigkeiten und Interessen entspricht:

- **Kompetenzerleben:** Aufgaben sollten so gestaltet sein, dass Mitarbeiter bei deren Erledigung spüren, dass sie über ausreichende Kompetenzen verfügen. Wer unterfordert ist, verliert ebenso die Motivation wie Mitarbeiter, die aufgrund mangelnden Fachwissens, hohen Zeitdrucks etc. nicht in der Lage sind, ihre Aufgaben zu erfüllen.
- **Bedeutsamkeit:** Wer das Gefühl hat, die eigene Arbeit sei sinnlos und habe keinerlei Bedeutung für das große Ganze, kann sich kaum Tag für Tag motivieren. Studien belegen, dass Mitarbeiter nichts dagegen haben, ein „kleines Rädchen" im Getriebe zu sein, so lange dieses eine wichtige Aufgabe erfüllt.
- **Abwechslung:** Eine steile Lernkurve trägt zu hoher Motivation bei. Möglichst abwechslungsreiche Aufgaben fördern die Bereitschaft, Neues zu lernen und machen einfach mehr Spaß.
- **Autonomie:** Ein der Tätigkeit und Position angemessener Freiraum, Dinge

HÄTTEN SIE'S GEWUSST?

Die 10 wichtigsten Motivatoren bei der Arbeit

1. Gutes Arbeitsverhältnis zu Kollegen und Vorgesetzten (46 % der Befragten)

2. Flexible Arbeitszeiten (37 %)

3. Gutes Verhältnis zu Kollegen auch nach Feierabend (30 %)

4. Guter Kaffee (27 %)

5. Kostenlose Getränke (27 %)

6. Viel Teamarbeit (24 %)

7. Kleine Aufmerksamkeiten wie Blumen oder Schokonikolaus (23 %)

8. Betriebliche Gesundheitsförderung (23 %)

9. Ansprechende Raumgestaltung (21 %)

10. Pflanzen im Büro (18 %)

(Quelle: ManpowerGroup Deutschland)

selbst entscheiden zu dürfen, ist ein weiterer motivierender Faktor. Fehlt diese Autonomie und ist man lediglich „Erfüllungsgehilfe" für andere, sinkt auch die Motivation.

- **Ganzheitlichkeit:** Um motiviert zu arbeiten, brauchen Mitarbeiter das Gefühl, für einen ganzheitlichen Aspekt verantwortlich zu sein und nicht nur unzusammenhängende Teilaufgaben zu erledigen, ohne den großen Zusammenhang zu kennen.

Eigene Situation analysieren

Sich selbst zu motivieren, ist für Menschen, die im Homeoffice arbeiten, eine Herausforderung. Tendenziell besser zurecht kommen emotional stabile und gewissenhafte Typen, die zudem über eine gute Selbstregulation verfügen. Dagegen stehen Menschen, die sich nicht so gut steuern können und sich in Sachen Motivation gern von anderen „mitziehen" lassen, im Homeoffice häufig vor Problemen. Die Gefahr ist groß, das emotionale Gleichgewicht zu verlieren und in ein Motivationsloch zu rutschen.

Zwar ist nicht jeder Durchhänger gleich ein ausgewachsenes Motivationsproblem. Jeder kann einmal einen schlechten Tag haben oder sich lustlos fühlen. Doch hat sich erst einmal das Gefühl verfestigt, dauerhaft keine Leistung mehr zu bringen und/oder keine Freude mehr am eigenen Job zu haben, ist es nahezu unmöglich, sich selbst aus dieser Spirale zu befreien.

Spätestens dann sollte man den Ursachen auf den Grund gehen. Vereinfacht gesagt gibt es zwei Möglichkeiten:

- **Externe Ursachen:** Die Gründe für fehlende Motivation liegen in Arbeitsinhalten oder -umständen begründet, zum Beispiel einem wenig interessanten Tätigkeitsbereich oder der Persönlichkeit eines Vorgesetzten. Probleme können durch die Sondersituation Homeoffice stärker hervortreten.
- **Persönliche Ursachen:** Die Gründe sind im eigenen Umfeld zu suchen, zum Beispiel in familiären oder gesundheitlichen Problemen oder den spezifischen Umständen im Homeoffice, wie den fehlenden zeitlichen Strukturen oder einem schlecht ausgestatteten Arbeitsplatz.

Selbst gegensteuern

Liegen die Ursachen in der eigenen Persönlichkeit oder dem häuslichen Umfeld, kann man die Situation häufig aus eigener Kraft verbessern. Dazu ist es wichtig herauszufinden, was einen antreibt – und sich diese „Treiber" ganz bewusst vor Augen zu führen. Hier einige Tipps, um die eigene intrinsische Motivation zu steigern:

- **Morgenroutine etablieren:** Stehen Sie jeden Tag möglichst zur selben Zeit auf, frühstücken und duschen Sie. Setzen Sie sich nicht im Pyjama oder Jogginganzug an den Schreibtisch, sondern ziehen Sie sich so an, wie Sie auch ins Büro gehen würden. Auch Solo-Selbstständige und andere Einzelkämpfer, die nicht in Terminstrukturen eingebunden sind, sollten auf Äußerlichkeiten achten.

- **Tagesablauf strukturieren:** Wann arbeite ich, wann mache ich Pause? Ist eventuell ist eine Frischluftpause bereits vor der Arbeit sinnvoll, damit sie nicht wegfällt? Wann kümmere ich mich um das Essen? Wann treibe ich Sport? Machen Sie sich frühzeitig Gedanken, wie Sie Ihren Tag aufteilen. Ziel ist es, Muster zu etablieren, aus denen Gewohnheiten werden. Nur so kommt eine stabile Arbeitsstruktur zustande.
- **Ideen entwickeln:** Werden Sie aktiv, suchen Sie nach Verbesserungen und ändern Sie Dinge! Zwar geben Strukturen Sicherheit und Halt, engen aber auch ein und führen zu der Art Routine, die auf Dauer demotivierend wirkt. Machen Sie sich bewusst, welche positiven Seiten das Homeoffice hat und was Sie alles daraus machen können.
- **Anstecken lassen:** Ihre Kolleginnen sind gerade motivierter? Dann suchen Sie deren Gesellschaft und lassen Sie sich von ihrer Begeisterung anstecken. Meiden Sie unmotivierte Kollegen.
- **Buch führen:** Führen Sie ein Erfolgstagebuch, in dem Sie täglich kleinere und größere Erfolge niederschreiben.
- **Positiv denken:** Pflegen Sie positive Glaubenssätze, sogenannte Affirmationen, wie zum Beispiel: „Mein Erfolg liegt in meiner Hand." Nehmen Sie sich Zeit und reflektieren Sie, wie Sie gerade über den Job denken und sprechen. Negative Aussagen wie „Ich bin absolut unfähig, etwas Sinnvolles zu dem Projekt beizutragen," führen zu Niedergeschlagenheit und Reizbarkeit. Versuchen Sie deshalb, negative in positive Gedanken umzuformulieren.
- **Optimistisch bleiben:** Konzentrieren Sie sich auf die nächsten Projekte. Visualisieren Sie deren erfolgreichen Ausgang und versuchen Sie, die damit verbundene Freude wach zu rufen.
- **An Positives erinnern:** Rufen Sie sich Ihr größtes Erfolgserlebnis ins Gedächtnis. Wie haben Sie sich gefühlt? Nehmen Sie dieses Gefühl als Antrieb mit.
- **Veränderungen identifizieren:** Blicken Sie zurück und prüfen Sie, wann Ihnen der Job zuletzt Spaß gemacht hat: Hat sich seitdem etwas verändert? Was war es konkret? Können Sie Veränderungen positiv beeinflussen?
- **Dankbarkeit empfinden:** Schreiben Sie drei Dinge auf, für die Sie dankbar sind. Sind Sie danach immer noch in Miesepeterlaune, fügen Sie drei weitere Dinge hinzu – und so weiter.
- **Sich selbst belohnen:** Können Sie sich einmal partout nicht motivieren, dann gönnen Sie sich eine Belohnung. Das kann ein Kinobesuch sein, Sushi zum Abendessen oder sogar ein Kurzurlaub am Wochenende!

Räumlich getrennt und doch ein Team

Auch wenn im Homeoffice jeder für sich ist – die meisten Menschen sind Teil eines Teams. Von unterschiedlichen Orten aus erfolgreich zusammenzuarbeiten, erfordert Empathie und sehr gute Kommunikationsfähigkeiten.

Teams, deren Mitglieder über Ländergrenzen und Zeitzonen verstreut leben und ausschließlich digital zusammenarbeiten – vor allem in multinational agierenden Konzernen und jungen Startups ist das längst nichts Besonderes mehr.

Die Vorteile liegen auf der Hand: Vor Ort lassen sich neue Märkte besser erschließen, Kunden gewinnen und externe Experten in Projekte einbinden. Außerdem sinken die Kosten für Dienstreisen und Büromieten. In einigen Branchen sind Fachkräfte fast nur noch mit der Zusicherung zu ködern, weiterhin von ihrem bisherigen Wohnort aus arbeiten zu dürfen.

Im großen Maßstab sind solche dezentralen und hochflexiblen Einheiten jedoch nach wie vor eher die Ausnahme. Ihnen gegenüber operiert ein Heer an stationären Teams in kleineren und mittelständischen Unternehmen, in öffentlichen Einrichtungen und Behörden. Deren Mitglieder wurden in der bis heute vorherrschenden Präsenzkultur sozialisiert. Ein Großteil der Arbeitnehmer in Deutschland sowie Zehntausende Selbstständige und Freiberufler sind

Mitglieder solcher traditionell geprägten Teams – sei es im Rahmen einer Abteilung oder eines Referates, einer Arbeits- oder Projektgruppe, sei es dauerhaft oder temporär.

Die Herausforderung für „remote" (= auf Entfernung) arbeitende Teams besteht darin, fachlich im Austausch und menschlich in Kontakt zu bleiben – und sich so gemeinsam weiterzuentwickeln. Das funktioniert über Plattformen zur Aufgabenverwaltung sowie E-Mail, Telefon und Konferenztools. Die Leistung eines Teams hängt wesentlich davon ab, wie fit jedes Mitglied in der Nutzung dieser Tools ist und wie aktiv es mit den anderen kommuniziert.

Wahr ist aber auch: Auf Distanz sind spontane Absprachen und ein informeller Informationsaustausch kaum möglich. Kein Gespräch ohne Anlass, kaum ein Austausch ohne Termin. Vor allem die fehlenden Face-to-Face-Kontakte stellen dezentral organisierte Teams vor neue Herausforderungen – sowohl was den Informationsfluss als auch was kreative Prozesse angeht.

Die Umstellung auf virtuelle Teamarbeit erfordert tief greifende Einschnitte in Strukturen und Prozesse sowie die Bereitschaft aller Beteiligten, erfolgskritische Faktoren wie Selbstorganisation, Transparenz und Feedback in den Blick zu nehmen. Eine solche Kultur im Team zu etablieren und den sozialen Zusammenhalt zu unterstützen, ist vor allem die Aufgabe von Führungskräften. Die vergangenen zwei Jahre haben gezeigt, dass Zusammenarbeit im Team auch auf virtueller Basis erfolgreich sein kann. Dass es nicht in erster Linie darauf ankommt, mit den anderen unter einem Dach zu sitzen, sondern darauf, wie es gelingt, Strukturen und Abläufe den veränderten Umständen anzupassen.

Darüber hinaus hat sich gezeigt: Der Übergang zu virtueller Teamarbeit ist ein Lernprozess. Viele stationäre Teams erhielten mit dem ersten Corona-Lockdown im März 2020 einen kräftigen Schub in Richtung „remote", als ihre Arbeitgeber sie ins Homeoffice schickten und sie mit Videokonferenz- und Chat-Software ausstatteten. Für die meisten Mitarbeiter damals eine neue Erfahrung, die im zweiten, spätestens dritten Lockdown zur Routine wurde.

Immer stärker traten jedoch auch die Herausforderungen hervor: So provozierte die virtuelle Zusammenarbeit mehr Missverständnisse und Konflikte unter Kollegen. Viele machten zudem die Erfahrung, dass sich Meinungsverschiedenheiten aus der Ferne nur mit Mühe beilegen lassen.

So viel vorab: Die größten Herausforderungen virtueller Zusammenarbeit bestehen darin, sich in Kollegen hineinzuversetzen und klar mit ihnen zu kommunizieren. Das erfordert ein ständiges Reflektieren und Anpassen des eigenen Verhaltens. Auf Teamebene gilt es, einen kritischen Austausch zu etablieren, an dem sich alle beteiligen können. Nur so lassen sich Probleme im Frühstadium erkennen und – mit etwas Übung – rechtzeitig entschärfen.

Abläufe optimieren, Transparenz schaffen, autonom handeln

Im Büro funktionieren viele Teams ohne große Probleme. Doch auf Entfernung folgt Kollaboration anderen Regeln. Sich umzustellen ist ein Kraftakt, der aber auch Chancen birgt.

Wer vor Covid-19 ins Homeoffice durfte, nahm sich dort gern komplexere Tätigkeiten vor, die ein hohes Maß an Konzentration erforderten und sich allein erledigen ließen. Am nächsten Tag konnte es in Sachen Kollegenkontakt und Präsenzmeetings wieder in die Vollen gehen.

Die Pandemie hat auch das verändert. Von heute auf morgen mussten viele Unternehmen die Zusammenarbeit ihrer Mitarbeiter auf „virtuell" umstellen. Inzwischen ist klar: Um zu funktionieren, sind Teams nicht zwingend auf eine analoge Umgebung angewiesen. Produktiv zusammenarbeiten lässt sich auch digital. Doch ein Selbstläufer ist das keinesfalls.

Die Umstellung stellt jedes Team vor Herausforderungen. Abgesehen von der technischen Ausstattung sind neue Arbeitsabläufe und Kommunikationsregeln zu etablieren. Dieser Prozess ist umso komplexer und herausfordernder, je höher der Grad an Zusammenarbeit – im Expertenjargon: Kollaboration – in einem Team ist.

In dieser Situation haben Teammitglieder und Führungskräfte die Chance, ihr Zusammenwirken auf eine neue Basis zu stellen. Es geht darum, gemeinsam neue Vorgehensweisen zu finden, sie einzuüben und immer wieder zu prüfen, ob sie noch zielführend sind. Ein wesentliches Merkmal erfolgreicher virtueller Zusammenarbeit ist, Prozesse des Reflektierens und Evaluierens nicht versanden zu lassen oder zu beenden, sondern dauerhaft zu etablieren, sozusagen als Teil der „Team-DNA".

Angesichts der Digitalisierung liegt der Gedanke nahe, Probleme ließen sich durch den Einsatz von Software lösen. Und tatsächlich bietet der Markt eine Vielzahl an Tools, die Teams bei der Kommunikation, dem Austausch von Daten und Wissen, bei Kreativprozessen und beim Projektmanagement unterstützen können. Doch Technik kann ihr Potenzial nur dann entfalten, wenn sie sinnvoll in die Arbeitsweise integriert wird. Erst wenn grundlegende Aspekte der Zusammenarbeit geklärt sind, können

Schneller Überblick

Um die **aus der Präsenzkultur vertraute Arbeitsweise** ins Virtuelle zu „übersetzen", gibt es kein Patentrezept. Teamarbeit beruht auf **sozialer Interaktion, Kommunikation, dem Austausch von Ideen** und der **gemeinsamen Abstimmung von Herangehensweisen**. Abhängig von seinem speziellen Bedarf muss jedes Team die geeigneten Software-Tools finden und sich über deren Einsatz verständigen.

Messenger, Taskboards und Kollaborationsplattformen wirklich eine Hilfe sein.

Teamprozesse verbessern

Auf der Sachebene der Teamarbeit geht es vor allem um Strukturen und Prozesse. Diese sind zu analysieren und an veränderte Situationen anzupassen. Statt zu warten, bis Vorgesetzte tätig werden, sollten Mitarbeiter im Homeoffice selbst prüfen, ob es Verbesserungsbedarf gibt.

Je besser jemand in der Lage ist, seine eigene Arbeitsweise zu hinterfragen und Schlüsse zu ziehen, desto besser wird die Zusammenarbeit funktionieren. Dienst nach Vorschrift und Aussagen wie: „Ich mache das erst, wenn ich eine Anweisung dazu bekomme", können sich noch schwerwiegender auf die Produktivität auswirken als in der Präsenzkultur.

Ausgangspunkt einer Analyse sind Fragen wie die folgenden:

- **Effizienz:** Gelingt es mir, aus dem Homeoffice genauso reibungslos und effizient mit meinen Kollegen zusammenzuarbeiten wie im Büro?
- **Hindernisse:** Welche Schwierigkeiten bemerke ich in der Zusammenarbeit?
- **Auswege:** Was kann ich selbst/meine Kollegen/die Führungsperson tun, um gegenzusteuern?
- **Externe Vernetzung:** Wie lassen sich externe Fachleute (zum Beispiel Freiberufler oder Berater) sowie Kunden noch besser einbinden?

Transparenz schaffen

Auch im Homeoffice müssen Mitarbeiter Zugang zu sämtlichen relevanten Informationen haben. Im Rahmen virtueller Kollaboration ist es deshalb wichtig, Aufgaben, Verantwortlichkeiten und Fristen transparent zu verwalten. Relevante Informationen müssen verschriftlicht und dokumentiert werden, auffindbar sein und permanent aktualisiert werden. Viele Teams nutzen dafür inzwischen statt simpler Tabellen, wie sie früher üblich waren, digitale Aufgabenboards oder Ticketsysteme.

- **Aufgabenboards:** Durch den fehlenden informellen Austausch (siehe S. 68 ff.) ist es schwieriger zu erkennen, womit sich Kolleginnen aktuell beschäftigen und in welchem Stadium sich ihre Aufgaben befinden. Hier hilft das Visualisieren von Aufgaben und Tätigkeiten, zum Beispiel über eine virtuelle Aufgabenlandkarte, gemeinsame To-do-Listen oder ein Kanban-Board (siehe S. 64).

- **Ticketsysteme:** Andere Aufgaben ergeben sich aus Kundenanfragen. Eine solche Aufgabe wird einem Bearbeiter als Ticket zugewiesen. Als zentraler Informationsknoten dient dabei ein Software-Tool, ein „Ticketsystem". In diesem werden sämtliche Tickets erfasst und mit einem Status versehen, zum Beispiel „Neu", „in Bearbeitung", „Warten" und „Fertig". Regelmäßige Status-Updates informieren über den aktuellen Bearbeitungsstand. Berechtigte Personen können zudem auf einen Blick sehen, wie alt ein Ticket ist und welche Hindernisse dessen Bearbeitung aktuell blockieren. Das ist etwa dann der Fall, wenn nähere Informationen oder die Freigabe seitens eines Kunden fehlen. Im besten Fall sind auch weitere Informationen vermerkt, zum Beispiel zusätzliche Absprachen oder der Inhalt von Telefonaten.

Je nach Erfordernissen kann auch die Verabredung gemeinsamer Arbeitszeiten oder ein regelmäßiges Teamupdate am Morgen förderlich sein. Ein Erfahrungsaustausch mit anderen Teams zu Schnittstellen und Prozessen erhöht zusätzlich die Transparenz und führt zu einer flexiblen, zielgerichteten Kollaboration.

Selbst organisieren, agil handeln

Bei virtueller Zusammenarbeit kommt es grundsätzlich weniger darauf an, auf welche Art und Weise jemand eine Aufgabe erfüllt, sondern darauf, dass das Ergebnis stimmt. So kann es im Homeoffice vorkommen, dass einem über längere Zeit hinweg niemand sagt, was als Nächstes zu tun ist. Das bietet Beschäftigten die Chance, selbst Vorstellungen von den nächsten Schritten zu entwickeln, die erforderlichen Tätigkeiten im Team zu koordinieren – und loszulegen.

Diese subjektiv empfunden höhere Freiheit bietet Teammitgliedern die Chance, sich stärker auf kreative und kommunikative Aufgaben zu konzentrieren. Voraussetzung ist allerdings eine Kultur des Vertrauens und der gegenseitigen Wertschätzung – sowohl untereinander im Team als auch im Verhältnis zu Führungspersonen.

Praktisch synonym für einen solchen teambasierten Ansatz steht vor allem in der IT-Welt der Begriff „agiles Arbeiten". Agil ist das Gegenteil von schwerfällig, träge und unbeweglich und bedeutet in erster Linie, Kunden und Mitarbeiter in die Produktentwicklung einzubeziehen sowie für ständiges Feedback und sofortigen Wissenstransfer zu sorgen. Mit anderen Worten: Hierarchisch geprägte Organisationen waren gestern – heute sind Vertrauen, Selbstverantwortung, Transparenz und eine offene Fehlerkultur

DIE 3 BESTEN TIPPS FÜR FÜHRUNGSKRÄFTE

1 Ziele definieren: Legen Sie mit Ihren Mitarbeitern gemeinsame und individuelle Ziele fest. Fixieren Sie diese am besten schriftlich. Überprüfen Sie regelmäßig gemeinsam, ob die Ziele erreicht wurden. Kontrollieren Sie nicht den Weg, sondern das Ergebnis!

2 Regeln festlegen: Sprechen Sie mit allen Teammitgliedern über das Wie der Zusammenarbeit. Legen Sie mit Ihrem Team Regeln fest, zum Beispiel Pünktlichkeit, Erreichbarkeit etc. Prüfen Sie von Zeit zu Zeit, ob diese Regeln noch funktionieren.

3 Persönlich werden: Nutzen Sie in Online-Meetings die Webcam, um Mitarbeiter zu sehen und selbst gesehen zu werden. Lassen Sie neben dem Dienstlichen Raum für Small Talk und persönliche Themen. Gehen Sie in Vorleistung und teilen Sie ab und zu Privates über sich mit.

angesagt. Hier zwei bekannte Methoden agilen Arbeitens im Überblick:

- **Kanban:** Die größte Aufmerksamkeit außerhalb der Softwareentwicklung hat Kanban (japan. „Signalkarte") gefunden. Kanban ist laut Protagonist David J. Anderson darüber hinaus allgemein ein Weg, um gemeinsame Arbeit und Ergebnisse Schritt für Schritt zu verbessern. Insofern lässt sich die Methode als allgemeiner Managementrahmen für Wissensarbeiter beschreiben. So funktioniert das Konzept: Die Aufgaben des Teams werden auf Karten geschrieben und als Workflow an einem Pinboard sichtbar gemacht. Dabei begrenzt Kanban die Aufgaben, die pro Arbeitsphase gleichzeitig in Bearbeitung sein dürfen und optimiert so den Ablauf.
- **Scrum:** Diese Methode ist nach dem „Gedränge" beim Rugby benannt. Sie ist aufgrund ihrer klaren Rollen und Regeln ein Standardverfahren für Software-Entwicklungsteams. Innerhalb des Teams entscheidet eine Gruppe von Entwicklern eigenverantwortlich über alle technischen Aspekte. Fachliche und inhaltliche Fragen zum Produkt klärt der Product Owner, während ein Scrum Master über die Einhaltung der Prozessregeln wacht und versucht, Entwicklern und Product Owner Schwierigkeiten aus dem Weg zu räumen. Die Prozessregeln gliedern die Produktentwicklung in Teilabschnitte (engl. „Sprints"). In jedem

Schritt müssen bestimmte Features fertiggestellt werden, um greifbare und überprüfbare Ergebnisse zu erzielen und falls nötig die Planung zu ändern. Die Teilabschnitte bestehen aus genau definierten Planungsritualen: täglichen „Standup-Meetings", in denen sich die Teammitglieder auf den aktuellen Stand bringen sowie Ergebnischeck und Reflexion am Ende. Auch bei Scrum dient ein Board als Informationsknoten. Von Scrum lernen lässt sich zum Beispiel das Zuteilen von klaren Rollen an Teammitglieder sowie das Etablieren von Ritualen.

Führungsverhalten ändern

Nicht wenige Vorgesetzte dachten bislang, Mitarbeiter seien automatisch weniger produktiv, wenn sie nicht im Büro arbeiten, sondern in ihrem Privatbereich. Sie brachten das Thema Homeoffice mit Kontrollverlust, mangelndem persönlichem Kontakt und Schwierigkeiten beim Aufbau von Vertrauen in Verbindung – und nicht zuletzt mit sinkender Produktivität.

Umgekehrt sind viele Mobil- und Telearbeiter der Meinung, dass sie in ihrer digitalen Arbeitsumgebung stets sichtbar agieren müssen, um zu beweisen, dass sie wirklich arbeiten. Sie konzentrieren sich weniger auf ihre Arbeitsinhalte, als sich vielmehr darum zu sorgen, ständig positiv nach außen zu wirken. Damit sind sie deutlich weniger produktiv, als sie es sein könnten.

Schneller Überblick

Mehr Selbstorganisation im Team erfordert eine **hohe Motivation jedes Einzelnen.** Diese entsteht, wenn Mitarbeiter die Ziele ihres Teams – und die des Unternehmens – nachvollziehen können und für wichtig erachten. Um motiviert zu bleiben, muss jedes Teammitglied davon überzeugt sein, dass es einen **Beitrag zum Erreichen dieser Ziele** leistet – und dass das ganze Team an einem Strang zieht. Aufgabe der Führungsperson ist es, die **Ziele zu kommunizieren** und mit Mitarbeitern zu vereinbaren, **wie deren Beiträge aussehen sollen**.

Um dem entgegenzuwirken, gilt es, Remote Work als normal in den Köpfen zu verankern. Virtuelle Zusammenarbeit erfordert insofern auch von Teamleitungen, ihr Rollenverständnis zu überdenken. Schon allein aufgrund der räumlichen Trennung ist die Führungsperson meist gar nicht in der Lage, dasselbe Maß an Kontrolle aufzubringen wie im Büroalltag. Jetzt ist es ihre Aufgabe, die Arbeit des Teams mit den übergeordneten Zielen in Einklang zu bringen, dafür zu sorgen, dass der soziale Zusammenhalt nicht verloren geht und ihr eigenes Führungsverhalten in Richtung einer „Digital

Team Leadership" zu verändern. Ihre neue Rolle ist die des strategischen Koordinators, des Richtungsgebers und Coaches.

Gemeinsam Ideen entwickeln

Homeoffice ist nicht zwingend eine Innovationsbremse – sofern die richtigen Kommunikationsmedien gewählt werden. So lautet das Fazit einer Studie der Leibniz Universität Hannover. Darin ging es um die Frage, wie verschiedene Kommunikationsmedien die kreative Leistung von Teams verändern. Hintergrund: In der Phase des Generierens von Ideen, also ganz am Beginn jedes Innovationsprozesses, sind Teammitglieder ganz besonders voneinander abhängig.

In der Studie mussten Dreiergruppen kollaborativ verschiedene Begriffe durch Illustrationen veranschaulichen. Die Gruppenmitglieder befanden sich entweder im gleichen Raum oder waren per Videocall oder Chat miteinander verbunden. In der Auswertung lagen die Ergebnisse der Face-to-Face-Gruppe auf gleicher Linie mit den Ergebnissen der Videocall-Gruppe. Qualitativ schlechter schnitt die Gruppe ab, die alleine auf den Chat als Kommunikationstool angewiesen war.

Vor besonderen Herausforderungen stehen in diesem Zusammenhang Design- und Kreativteams. Ihre Arbeit ist durch einen besonders hohen Anteil an Kollaboration gekennzeichnet. Das Entwickeln von Ideen benötigt häufige Peer-Reviews und Feedbackschleifen, die sich im Büro im Gebrauch von zum Beispiel Haftnotizen und Whiteboards widerspiegeln. Beide lassen sich gut durch digitale, cloudbasierte Tools wie Google Jamboard oder Miro ersetzen. Für persönliches Feedback sind Team Messenger und Konferenzsoftware geeignet (siehe S. 78).

→ Peer-Review

Peer-Review ist ein Verfahren zur Qualitätssicherung und kommt sowohl bei wissenschaftlichen Arbeiten als auch bei Projekten zum Einsatz. Dabei begutachten ein oder mehrere „Gleichrangige" (engl. peers), beispielsweise Mitglieder desselben Projektteams, die betreffende Arbeit und geben eine Einschätzung dazu ab.

Fakt ist dennoch: Kreative, innovative Diskussionen sind das, was sich am schwersten „remote" bewerkstelligen lässt. Im Vorteil sind deshalb Teams, die nicht ausschließlich auf Entfernung kollaborieren, sondern sich zu Meetings face-to-face treffen können.

Ist das nicht möglich, gilt es, insbesondere die vielen zufälligen Begegnungen und Gedankenaustausche – auch mit Kollegen anderer Teams oder Abteilungen – durch geeignete digitale Formate zu ersetzen, also zumindest Angebote zum kreativen Austausch zu schaffen.

Tipp: Prüfen Sie im Team, wie Sie Experten einbinden können und ob Sie eine interdisziplinärere Teamstruktur anstreben wollen.

Infos austauschen, Kontakte halten, Missverständnisse vermeiden

Ein wichtiger Teil von Zusammenarbeit ist der Austausch von Informationen. Wer weiß, wie Kommunikation funktioniert, kann gezielt dafür sorgen, dass Botschaften korrekt ankommen.

Die räumliche Trennung unterscheidet die Kommunikation von unterschiedlichen Orten aus, von der im Firmenbüro deutlich. Nicht im selben Raum zu sein wie unser(e) Gegenüber hat Auswirkungen auf die Art, wie wir miteinander kommunizieren.

- **Digitale Vermittlung:** Zum einen vollzieht sich der Informationsaustausch „virtuell" über digitale Netzwerke und Technologien, zum Beispiel Chats, E-Mails, SMS und Instant Messenger sowie Audio- und Videoanwendungen. Dadurch muss Kommunikation nicht zwingend in Echtzeit stattfinden, sondern kann zeitversetzt erfolgen.
- **Signalverlust:** Zum zweiten fehlt in der virtuellen Kommunikation ein Großteil der para- und nonverbalen Signale – und damit wichtige Teile des zu übermittelnden Inhalts. Selbst Videochats können Körperhaltung sowie Mimik und Gestik nur begrenzt übermitteln. Schriftliche Symbole wie Emoticons, Emojis oder GIFs bieten ebenfalls nur sehr begrenzten Ersatz.

→ Para- und nonverbale Kommunikation

Unter paraverbaler Kommunikation versteht man die Art der Artikulation, also das Spektrum der Stimme (zum Beispiel Tonfall, Lautstärke, Sprechtempo). Nonverbale Kommunikation ist der Überbegriff für Gestik (zum Beispiel Schulterzucken, Ballen der Faust), Mimik (zum Beispiel Lachen, Augenrollen, Stirnrunzeln) sowie Körperhaltung und Bewegung im Raum. Beide können das verbal Kommunizierte unterstützen, entkräften oder bekräftigen oder es sogar ersetzen (zum Beispiel Schweigen, Weinen). Auch Emotionen sowie die Einstellung zum Gegenüber beziehungsweise zur Situation werden damit ausgedrückt.

Insbesondere der zweite Punkt ist den meisten Menschen gar nicht bewusst: Kommunikation über den Code „Sprache“ besteht keineswegs nur aus dem, was ein Sprecher an Schallwellen produziert. In Studien haben Forscher herausgefunden, dass der verbale Teil nicht mehr als 7 Prozent des Gesamtinhalts einer Botschaft ausmacht! Der große Rest hat wenig mit Worten zu tun.

Das Fehlen eines Großteils der Signale wirkt sich auf virtuell stattfindende Kommunikation erschwerend aus. Selbst wenn wir Gesprächspartner auf dem Display sehen, verändern sie aufgrund der speziellen Situation ihre Mimik und Gestik. Beides kommt zudem in einem briefmarkengroßen Videofenster nur begrenzt zur Geltung.

Noch „signalärmer“ sind schriftliche Botschaften. Der Empfänger ist bei ihnen ausschließlich auf den Text angewiesen. Dieses Dilemma lässt sich zwar nicht völlig beheben – wer jedoch Kollegen im Zweifel eine redundante Information liefert oder im Zweifel eine Nachfrage mehr stellt und eine Emotion mehr artikuliert, kann auf der Beziehungsebene eine Menge erreichen (siehe Checkliste S. 70).

Mehr und anders kommunizieren

Studien zeigen, dass Mitglieder virtuell geprägter Teams trotz des erhöhten Kommunikationsbedarfs nicht mehr, sondern weniger miteinander kommunizieren. Ein Grund ist das Fehlen informeller Kommunikation, ein anderer der höhere Aufwand, den textbasierter im Vergleich zu mündlichem Informationsaustausch erfordert.

Diese „asynchrone“ Kommunikation hat jedoch den Vorteil, dass sie zeitlich versetzt stattfindet, zum Beispiel in Form von E-Mails, Chat- und Sprachnachrichten. Indem der Absender sich für ein asynchrones Kommunikationsmittel entscheidet, lässt er seinem Gegenüber die Wahl, eine Zeit lang nicht zu antworten, um beispielsweise seine Arbeit nicht unterbrechen zu müssen.

Wie groß der zeitliche Versatz sein darf, sollte im Team vereinbart werden oder sich mit der Zeit einpendeln. Beispiel für eine Regel: Wer auf seine E-Mail innerhalb von

---

Emojis einsetzen. Auch in der Bürokommunikation können Emojis sinnvoll sein – etwa um die eigene Stimmung zu schildern, ein Lob zu verstärken oder Kritik abzumildern. Wer es nicht übertreibt, wird sogar als empathischer wahrgenommen. Aber: Wer Unbekannte mit Emojis traktiert, wirkt eher inkompetent. Das fanden israelische Wissenschaftler heraus. Bei Angeboten an Neukunden Emojis also besser weglassen!

zwei Stunden keine Antwort bekommt, darf den Empfänger freundlich „drängeln".

Wer sich vor Nachfragen – und damit vor ungewollten Unterbrechungen – schützen will, verschickt am besten zeitnah kurze Antworten mit ungefährer Zeitangabe. Beispiel: „Danke für die Info, ich kümmere mich heute Nachmittag darum." oder „Komme leider erst nach der Teambesprechung ab 16 Uhr zum Antworten." Dann weiß der Absender, dass der Empfänger die Nachricht zur Kenntnis genommen hat. Wer erst Stunden – oder Tage – nach dem Empfang auf Nachrichten reagiert, verhält sich nicht nur unkollegial, sondern bremst eventuell wichtige Abläufe aus.

Im Homeoffice ist mehr denn je die Balance zwischen sogenannter Konzentrations- und Kommunikationszeit gefragt. Daher empfiehlt es sich, die Arbeitszeit in Slots einzuteilen (siehe S. 45 f.). Erfahrungsgemäß ist eine Konzentrationszeit von einer bis drei Stunden sinnvoll, die sich über den Arbeitstag verteilen lässt. In dieser Zeit ist idealerweise jede Art von externer Kommunikation ausgeschaltet, sodass man sich ganz seinen Aufgaben widmen kann.

Schneller Überblick

Das Fehlen nonverbaler Signale lässt sich nur durch ein Mehr an Kommunikation und Vertrauen im Team ersetzen. Geht es darum, einander Phasen hoher Konzentration zu gewähren, ist **asynchrones Kommunizieren** das Mittel der Wahl. Kommt es dagegen darauf an, ständig erreichbar zu sein, ist **Kommunikation in Echtzeit** gefragt.

Passende Formate etablieren

Grundsätzlich erfordert das Fehlen des gemeinsamen räumlichen Kontextes einen planvollen und zielgerichteten Informationsaustausch. Deshalb ist es unerlässlich, klare Strukturen und passgenaue Kanäle zu etablieren. So bietet sich für kürzere

Auch mal offline sein. Noch immer gilt das Nachbilden der Zustände im Büro in den Wohnungen der Mitarbeiter vielerorts als erstrebenswert: Nur wer permanent erreichbar ist, arbeitet wirklich. Doch wer oft unterbrochen wird, kann sich schlechter konzentrieren und benötigt unterm Strich mehr Zeit, um seine Aufgaben zu erfüllen. Vereinbaren Sie deshalb teamintern Zeiten der ungestörten Konzentration.

Checkliste

Richtig virtuell kommunizieren

- ☐ Achten Sie auf präzise und eindeutige **Sprache**.
- ☐ Verzichten Sie auf **Ironie** und **Sarkasmus**.
- ☐ Formulieren Sie **Bitten und Wünsche** klar und deutlich.
- ☐ Vermeiden Sie versteckte **Hinweise** sowie unterschwellige **Vorwürfe**.
- ☐ Vergewissern Sie sich, dass Ihre Botschaften **richtig verstanden** werden.
- ☐ **Fragen Sie nach,** wenn Sie selbst etwas nicht verstehen.
- ☐ Schreiben Sie **lieber mehr Nachrichten** als zu wenige.
- ☐ Setzen Sie bei emotionalen Themen und zwischenmenschlichen Konflikten auf **mündlichen Austausch**.
- ☐ Kommunizieren Sie **schriftlich,** wenn Sie nur Informationen weitergeben wollen.

Abstimmungen ein Teamchat an, während konzeptionelle Meetings per Videokonferenz am besten gelingen. Die Palette reicht von Einzelgesprächen zwischen Vorgesetzten und Mitarbeitern („One-on-one“) über regelmäßige Team-Meetings („Daily“, „Weakly“) bis zu Vollversammlungen der gesamten Belegschaft („Townhall“).

Wie im realen Leben gilt: Je mehr Teilnehmer, desto begrenzter die Möglichkeiten einer wechselseitigen Kommunikation. Während sich in einem „One-on-one“-Gespräch auch vertrauliche Themen besprechen lassen, dienen Townhall-Meetings in der Regel dem Management als Mittel der internen Kommunikation und Möglichkeit, die Mitarbeiter über bestimmte Themen zu informieren. Wichtig ist, dass jede Person im Team weiß, welcher Kanal für welche Inhalte genutzt werden soll. So wird sichergestellt, dass Informationen stets diejenigen erreichen, die diese benötigen.

Meetings strukturieren

Für den regelmäßigen Austausch zu Arbeitsaufgaben, aktuellem Projektstand sowie zum gemeinsamen Brainstorming kommen Meeting-Tools zum Einsatz. Diese sind flexibel einsetzbar und werden zunehmend auch für den Austausch mit Businesspartnern oder Kunden genutzt.

Damit Teammeetings nutzbringend sind, bietet es sich an, sie gemeinsam vorzubereiten, alle Teilnehmer einzubeziehen und gemeinsam eine Agenda festzulegen, deren

Kommunikationsmittel: Was eignet sich wofür?

	Vorteile	Nachteile	Besonders geeignet für
Face-to-Face-Meeting (Gruppe)	Sprachlich komplex, unmittelbares direktes Feedback	Koordination, Reisekosten, Dokumentation aufwendig	Zielfindung, Teamentwicklung, Kennenlernen, Kontakt- und Beziehungspflege
Face-to-Face-Meeting (2 Personen)	Sprachlich komplex, direktes Feedback, Vertraulichkeit möglich	Koordination, Reisekosten, Dokumentation aufwendig	Konfliktmanagement, Problemgespräch
Videokonferenz	Sprachlich komplex, direktes Feedback	Koordination, Dokumentation aufwendig	Konfliktmanagement, Koordination
Telefonkonferenz	Informell, direktes Feedback	Reduzierte Kommunikationskanäle, Dokumentation aufwendig	Koordination, Prozessplanung
Telefon	Schnell, persönlich, direktes Feedback, Vertraulichkeit möglich	Reduzierte Kommunikationskanäle, Dokumentation aufwendig	Koordination, Prozessplanung, Konfliktmanagement
Anrufbeantworter, Voicemail	Schnell verfügbar, relativ persönlich	kein Feedback	Information
E-Mail	Schnell, Abruf bei Bedarf, dokumentierbar	Gefahr des „Overload", kein direktes Feedback	Informationsaustausch, Routinekommunikation
Chat	Ökonomisch, aufgabenorientiert	Überlappung von Beiträgen	Meinungsaustausch, Brainstorming
Brief	Formell, leicht zu dokumentieren	Langsam, kein direktes Feedback	Information, formale Vereinbarungen
Podcast	Geringer technischer Aufwand, schnell, aktuell, zeitunabhängig	Einwegkommunikation, evtl. eingeschränktes Anwendungsgebiet	Information, Anleitungen, Know-how-Transport, Lernen

(Quelle: dieprojektmanager.com)

Einhaltung durch Timeboxing überwacht wird. Teammitglieder sollten im Vorfeld die Möglichkeit haben, die Agenda anzupassen und ihre Themen einzubringen. Besprechungen sollten zudem moderiert und wesentliche Inhalte und Entscheidungen in einem Protokoll festgehalten werden. Hierfür werden innerhalb des Teams Rollen wie Moderator, eventuell Co-Moderator, Protokollant und Timekeeper verabredet.

Gemeinsame Basis schaffen

Wichtig ist auch ein gemeinsamer Einstieg. Diese Möglichkeit bietet zum Beispiel ein Check-in mit Fragen wie „Was erwarte ich mir vom heutigen Meeting?“ oder „Wie ist meine persönliche Situation gerade?“ Nach der virtuellen Besprechung können Protokolle und Mitschriften mit allen Teammitgliedern geteilt werden, um eine gemeinsame Wissensbasis zu schaffen und diejenigen mit einzubinden, die nicht teilnehmen konnten. Da Web-Konferenzen mit vielen Personen viel Konzentration erfordern, sind Pausen zwischen Konferenzen nicht nur wegen der Nachbereitung erforderlich, sondern auch für die Erholung.

Abläufe visualisieren

Eine für alle geteilte und damit sichtbare Visualisierung des Ablaufs und der Ergebnisse verleiht einer virtuellen Besprechung Struktur. Für Moderatoren ist es wichtig, Feedback-Mechanismen der realen Welt wie Zuwendung oder Anteilnahme durch gezieltes Aktivieren der Teilnehmer auszugleichen: Bewusste Pausen für Rück- und Verständnisfragen sowie direkte Ansprache aller Teilnehmer sind bewährte Mittel.

Ein weiterer Punkt sind technische Probleme, durch die Teilnehmer den Anschluss zum Gespräch verlieren. Im schlimmsten Fall bricht die Konferenz ab und muss verschoben werden. Deshalb sollte es immer

---

Statusanzeige aktualisieren. Mithilfe dieser Funktion können (und sollten) Mitarbeiter ihren Kolleginnen transparent machen, ob sie gerade erreichbar, beschäftigt, abwesend etc. sind. Ist jedoch die Nutzung nicht klar geregelt, kommen schnell Erwartungshaltungen ins Spiel. Mitarbeiter empfinden die Statusanzeige dann als Stressor und Überwachungsinstrument. Folglich scheuen sie sich, ihren Status auf „abwesend“ oder „offline“ zu stellen und senden so falsche Signale. Deshalb unbedingt im Team besprechen, dass der Status eine Hilfe für die Kollegen, aber kein Zeiterfassungstool oder Indikator für Produktivität ist.

immer einen Plan B geben, beispielsweise das Zuschalten per Telefon oder die Nutzung eines alternativen Konferenzsystems. Während einer Videokonferenz sollten die Teilnehmer Umgebungsgeräusche so weit wie möglich reduzieren und sich auf das Gespräch konzentrieren.

Kamera und Mikro an oder aus?
Grundsätzlich ist es sinnvoll, sein Mikrofon nur dann zu aktivieren, wenn man selbst spricht. Das vermeidet unnötige Geräusche in der Leitung und reduziert die Datenübertragung. Wichtig: Wer während eines Meetings telefoniert, mit den Kindern schimpft oder kurz auf Toilette verschwindet, sollte auf jeden Fall daran denken, sein Mikro vorher auszuschalten.

Eine in vielen Unternehmen kontrovers diskutierte Frage lautet: Kamera an oder aus? Für das Einschalten spricht, dass sich Besprechungsteilnehmer, die die anderen sehen, besser konzentrieren können und stärker das Gefühl haben, zum Team zu gehören. Außerdem lässt sich das, was die anderen an nonverbaler Kommunikation produzieren, nur mit eingeschalteter Kamera wahrnehmen. Gegen ein „Sichtbarmachen“ können zum einen technische Hürden sprechen. Haben Besprechungsteilnehmer nur eine geringe Bandbreite oder ein schwaches WLan, reißt die Verbindung schon mal ab. Auch eine sehr hohe Teilnehmerzahl, bei der die Anzahl an sichtbaren „Briefmarken“ technisch begrenzt wird, spricht gegen das Einschalten der Kamera. In vielen Unternehmen hat sich deshalb als Kompromiss die Regel etabliert, dass sich Moderatoren, Sprechende sowie die Kollegen sichtbar machen, über die gerade gesprochen wird.

Tipp: Wollen Sie nicht, dass Kolleginnen Ihnen in die Wohnung schauen, können Sie den Hintergrund verschwimmen lassen oder einen künstlichen Hintergrund aus-

---

i **Nicht ins Wort fallen.** Ein alltägliches Phänomen im Rahmen von Telefon- und Videokonferenzen: Durch fehlende nonverbale Signale sowie unklare Regeln bezüglich Handzeichen etc. setzen mehrere Teilnehmer gleichzeitig zu Redebeiträgen an – und unterbrechen einander. Das kostet alle Zeit und Nerven. Beheben lässt sich das Problem, indem alle Teilnehmer verabreden, dass nur nach Beendigung der vorherigen Wortmeldung gesprochen werden darf. Dann muss der Moderator darauf achten, Teilnehmer zeitnah zu Wort kommen zu lassen und vor dem Anschneiden eines neuen Themas zu fragen, ob es noch Beiträge zum vorherigen gibt.

Schneller Überblick

Kommunikationsstörungen sind normal und passieren jedem. Deutlich zielführender als Schuldzuweisungen ist es dann, im Gespräch nach den Gründen für die eigenen Interpretationen und die des Gegenübers zu forschen – also in die **Metakommunikation** zu gehen. Das erfordert Mut und Vertrauen, ist oft anstrengend oder wird sogar als peinlich empfunden – hilft jedoch, **Missverständnisse auszuräumen** und **Konflikte zu lösen**.

wählen, was allerdings eine Menge Rechenleistung erfordert.

Missverständnisse vermeiden

Mit dem Anteil digital vermittelter Kommunikation steigt die Gefahr, dass wichtige Details unter den Tisch fallen und Missverständnisse entstehen. Diese können die für den Teamerfolg essenziellen Faktoren wie Vertrauen und Zusammenhalt beeinträchtigen. Insbesondere in schriftlicher Kommunikation sind Missverständnisse vorprogrammiert, wenn die beteiligten Partner nicht aktiv gegensteuern. Je unterschiedlicher die Teammitglieder hinsichtlich ihres Wissens, soziokulturellen Hintergrundes und Umfeldes sind, desto mehr Informationen sind auszutauschen, um Missverständnissen entgegenzuwirken. Zusätzlich gilt es, sich in die Situation der Kollegen an anderen Standorten – etwa in Hinblick auf Arbeitsumgebung und Arbeitszeiten – hineinzuversetzen.

Kommt es dennoch zu einem Missverständnis, rät der Kommunikationspsychologe Friedemann Schulz von Thun dazu, die Vogelperspektive einzunehmen. Das heißt, etwas Abstand zu der Situation zu gewinnen und mit dem anderen über die Kommunikation zu sprechen, also „Metakommunikation" zu betreiben. Entscheidende Fragen sind:

- **Welche** Nachricht ist beim Empfänger angekommen?
- **Was** hat er dabei gefühlt?
- **Was** hat der Sender sagen wollen?
- **Wo** sehen beide Lösungsansätze?

Um Konflikte zu lösen, gibt es eine weitere Kommunikationstechnik. Sie besteht darin, „Du-Botschaften" in „Ich-Botschaften" zu verwandeln. Beispiel: „Du unterbrichst mich ständig – das nervt!" Diese „Du-Botschaft" stellt eine klare Anklage an das Gegenüber dar. Produktiver ist es, die Perspektive umzudrehen und dem Gegenüber zu zeigen, wie man selbst sich fühlt: „Ich komme nie dazu zu sagen, was ich will – das gibt mir das Gefühl, nicht wichtig zu sein." Die Anklage, die den anderen in die Defensive treibt, entfällt und man gibt ihm die Chance, einen besser zu verstehen.

Digitale Tools nutzen, Produktivität steigern

Neben fachspezifischer Software braucht jedes Team Programme, die Zusammenarbeit und Kommunikation ermöglichen.

Um auch vom Homeoffice aus mit Kollegen kommunizieren und zusammenarbeiten zu können, benötigen Mitarbeiter – neben Laptop, Maus und Monitor – geeignete Software. Diese auch Tools („Werkzeuge") genannten Programme ermöglichen Chats, Videokonferenzen, das Verwalten von Aufgaben und Vorgängen sowie gemeinsames Arbeiten an Dokumenten. Die meisten modernen Anwendungen lassen sich nicht nur auf Laptops, Tablets und Smartphones installieren, sondern auch über das Internet nutzen, sodass sich Mitarbeiter praktisch von jedem Ort aus mit Kollegen verbinden können.

Um arbeiten zu können, brauchen Mitarbeiter zusätzlich den Zugriff auf Dokumente. Aktenordner oder USB-Sticks aus dem Office mit nach Hause zu schleppen, ist unter Sicherheits- und Datenschutzaspekten für Unternehmen ein Albtraum – und erlaubt nur über Umwege die Zusammenarbeit mit Kollegen.

Smarter und effizienter ist es, Daten von vornherein an einem sicheren Ort zu hinterlegen und bestimmten Mitarbeitern oder ganzen Teams zu erlauben, auf diese zuzugreifen und sie zu lesen und/oder zu bearbeiten. Dieser „sichere" Ort kann natürlich ein Unternehmensserver sein – immer öfter kommt jedoch ein „Cloud-Speicher" bei einem externen Dienstleister zum Einsatz. Die meisten Unternehmen geben mittlerweile ihren Mitarbeitern eine solche sichere Lösung vor beziehungsweise richten diese auf firmeneigenen Hardwaregeräten ein (siehe S. 79).

→ Cloud-Speicher

Auf einem Cloud-Speicher stellt ein Dienstleister eine bestimmte Menge an Speicherplatz zur Verfügung, in dem Nutzer ihre Daten (zum Beispiel Dokumente, Bilder, Videos) gesichert ablegen, auf diese zugreifen und sie mit anderen Nutzern teilen können. Der Zugriff erfolgt über einen Rechner mit Webbrowser oder die Anbieter-App. Extra-Tipp: Einen Test von unterschiedlichen Clouddiensten für Privatnutzer können Sie auf test.de/cloud gegen ein geringes Entgelt herunterladen.

Google Workspace und Microcoft 365 im Vergleich

Aufgabe	Google Workspace	Microsoft 365
E-Mails senden und empfangen	Gmail	Outlook
Videokonferenzen durchführen	Meet	Teams
Enterprise Social Networking	Chat	Teams
Terminplanung	Calender	Outlook
Online-Speicherplatz	Drive	OneDrive
Korrespondenz und Dokumente	Docs	Word
Tabellenkalkulation	Sheets	Excel
Präsentationen	Slides	PowerPoint
Umfragen	Forms	Forms

(Quelle: Vodafone, Stand: April 2021)

Wer noch keinen funktionierenden Workflow für Remote Work inklusive passender Tools etabliert hat, findet hier Beispiele, mit deren Hilfe man innerhalb von Teams kommunizieren und zusammenarbeiten kann. Dabei ist das konkrete Tool zweitrangig: Wichtig ist, dass jede und jeder im Team weiß, welche Lösung wofür verwendet wird.

Gut zu wissen: Zu vielen Tools gibt es eine kostenlose oder günstige Basisversion mit eingeschränkter Funktionalität. Darüber hinaus richtet sich der Preis oft nach der Teamgröße. Zu beachten: Je besser einzelne Programme über Schnittstellen miteinander verbunden sind, desto größer ist der Vorteil.

Alles aus einer Hand

Eine integrierte Gesamtlösung ist Microsoft 365 (früher: Office 365), eine Kombination aus Online- und Desktop-Anwendungen, die in verschiedenen Konfigurationen mit unterschiedlichem Produkt- und Leistungsumfang abonnierbar sind. Je nach Bedarf lassen sich unter anderem Office-Anwendungen wie Word und Excel, die E-Mail-

Lösung Outlook, das Modul Teams für Videokonferenzen und Chats sowie Dienste wie der Cloud-Speicher OneDrive und die Filesharing-Lösung SharePoint wählen. Ein Standardpaket kostet 10,50 Euro netto pro Nutzer und Monat („Microsoft 365 Business Standard", Stand: Juli 2021).

Google brachte im Herbst 2020 mit dem cloudbasierten Bürosoftware- und Kommunikationspaket Workspace einen vergleichbaren Abodienst auf den Markt, der die bisherige Paketlösung G-Suite ablöste. Workspace bietet ebenfalls zahlreiche Tools für die Zusammenarbeit an verschiedenen Orten (siehe Tabelle links). Das Standardpaket kostet pro Nutzer und Monat 10,40 Euro („Business Standard", Stand: Juli 2021)

Wer keine Komplettlösung braucht, sondern sich die einzelnen Komponenten selbst zusammenstellen möchte, findet sowohl kommerzielle Angebote als auch Open-Source-Software.

→ Open-Source-Software

Als Alternative zu kommerziell vermarkteter Software lassen sich Open-Source-Programme in der Regel unentgeltlich nutzen. Der Quellcode dieser Programme ist frei verfügbar und kann über das Internet heruntergeladen werden. Virtuelle Teams können Open-Source-Komponenten entweder auf eigenen Servern betreiben, diese bei einem Anbieter als „Software as a Service"-Lösung buchen oder sie über „Managed/Full-Service-Tarife" nutzen. Vorteil: Bei Open-Source-Software behält der Nutzer die Kontrolle über seine Daten, die dann nicht auf Servern in Übersee liegen. Nachteil: die oftmals aufwendigere Administration.

Für folgende Anforderungen sollte das eigene Toolset gerüstet sein:

Privatrechner schützen. Wer von seinem Privatrechner über das Tool Teamviewer auf seinen Computer im Büro oder Serverdienste des Unternehmens zugreift, sollte seinen Rechner umfassend gegen Malware und Hackerangriffe absichern. Von einem infizierten oder gehackten Heimrechner aus könnten Angreifer auf den Bürorechner oder Unternehmensserver zugreifen! Halten Sie das Betriebssystem unbedingt auf dem aktuellen Stand und installieren Sie unter Windows einen aktuellen Virenscanner samt Firewall. Aktueller Sicherheitssoftware-Test gegen geringes Entgelt unter: www.test.de//Antivirenprogramme-im-Test-4993310–0/.

▸ Chat-System / Team Messenger

Reicht am Anfang bei vielen noch ein Instant Messenger wie Whatsapp oder Signal auf dem Smartphone, braucht es irgendwann ein professionelles Chat-Programm wie Slack oder Microsoft Teams. Diese ermöglichen einen schnellen Informationsaustausch und sind in der Lage, die Kommunikation einzelner Teams oder des gesamten Unternehmens zu bündeln.

Viele Tools bieten weitere Funktionen oder Schnittstellen: So lassen sich in Slack Dienste wie Zoom, Dropbox und Google Drive integrieren – in Teams funktionieren MS-Office-Anwendungen wie Word, Excel und PowerPoint. In beiden Systemen lassen sich Meetings starten.

Die Kommunikation verläuft in Chat-Tools häufig asynchron, was für den reinen Informationsaustausch überhaupt kein Nachteil ist, denn Chatverläufe bleiben für alle Beteiligten nachlesbar. Auf diese Weise lassen sich Diskussionen dokumentieren und Entscheidungen transparent machen. Alle sind stets auf dem Laufenden, können eigene Ideen und Vorschläge festhalten und sich an Entscheidungen beteiligen.

Schließlich bringen viele Chat-Systeme Funktionen mit, die fehlende emotionale Elemente ersetzen und so Missverständnisse verhindern können. Nützlich sind beispielsweise die aus Social Media bekannten Emojis und Gifs.

Alternativen: Google Chat, Threema, Teamwire.

▸ Audio- / Videokonferenzen

Je nach Teilnehmerzahl und Anlass ersetzen Videochats persönliche Gespräche jeder Art. Zu den bekanntesten Lösungen gehören Zoom und Microsoft Teams, die darüber hinaus jede Menge weitere Funktionen bieten. Auch mit dem Messenger Slack lassen sich Videocalls starten.

Besonders sinnvoll sind Tools, die die Möglichkeit bieten, seinen Bildschirminhalt mit den Anwesenden zu teilen, auf einem digitalen Whiteboard Tagesordnung oder Protokollmitschrift anzuzeigen und diese während der Konferenz zu bearbeiten.

Die Programme lassen sich in aller Regel sowohl auf dem Desktop als auch auf Tablet und Smartphone nutzen. Die gängigsten besitzen eine sogenannte „End-to-end"-Verschlüsselung, um die übertragenen Daten vor dem Zugriff Unbefugter zu schützen. Wer eine kostenlose Konferenzsoftware sucht und keine Zusatzfunktionen braucht, dürfte mit Skype das Richtige finden.

Alternativen: Jitsi, Cisco Webex, GoToWebinar, Google Meet.

▸ E-Mails

Ebenfalls zur Basisausstattung gehört eine Software zum Verfassen, Empfangen und Verwalten von E-Mails. Wer sich in der Microsoft-Welt bewegt, nutzt dafür in der Regel Outlook (zum Beispiel als Teil von Microsoft 365). Das Programm bietet weitere nützliche Funktionen, darunter eine Kommunikations- und Aufgabenverwaltung, ein

Adressbuch sowie eine Terminplanungssoftware. Außerdem enthält es Features, mit denen sich die Arbeit des Teams organisieren lässt (zum Beispiel einen gemeinsamen Kalender) und verfügt über Schnittstellen zu Office-Programmen wie Word und Excel.

Wer es abgespeckt will, findet bei Microsoft unter dem Namen Outlook.com einen kostenlosen Web-Mail-Dienst inklusive Kalender, Kontakt- und Aufgabenverwaltung. Mit an Bord sind Schnittstellen zu Word Online, Excel Online und PowerPoint Online.
Alternativen: Mozilla Thunderbird, Google Mail.

▸ Office-Tools

Microsoft-Anwendungen wie Word, Excel und Powerpoint gibt es entweder zum Kauf (zum Beispiel Office Business 2019) oder im Rahmen eines Abonnements (Microsoft 365 oder 365 Apps for Business). Sie lassen sich je nach Modell sowohl internetbasiert als Web- und Mobile-Versionen als auch fest installiert als Desktop-Versionen nutzen.

Kostenlos erledigen lassen sich Office-Arbeiten wie Textverarbeitung, Tabellenkalkulation und Erstellen von Präsentationen mit Libre Office und OpenOffice.
Weitere Alternativen sind OnlyOffice und Dropbox.

▸ Onlinespeicher

In virtuell arbeitenden Teams Daten lokal auf der Festplatte zu speichern ist ein Widerspruch in sich. Gut, dass sich der Speicher ins Internet auslagern lässt. Damit alle Teammitglieder darauf zugreifen können, werden Daten am besten auf einem Cloud-Speicher abgelegt. Unternehmen, die Microsoft 365 abonniert haben, bieten Mitarbeitern dafür häufig die Dienste SharePoint und OneDrive an.

Wer sich die Software selbst beschaffen muss, ist zumindest für den Beginn mit dem kostenlosen Google Drive (15 Gigabyte kostenloser Speicher) gut bedient. Voraussetzung ist ein Google-Konto.

In Drive lassen sich Dateien nicht nur hochladen, sondern auch erstellen, bearbeiten und freigeben. Das gilt sowohl für Textdateien („Docs"), als auch für Tabellenkalkulationen und Präsentationen – ein Office-Paket in der Basisversion. Jede Datei kann einzeln freigegeben und gemeinsam online im Browser bearbeitet werden, sodass jeder die Kontrolle darüber hat, wer auf die Daten zugreifen kann. Zudem können Teammitglieder gleichzeitig an Inhalten arbeiten. Veränderungen werden in Echtzeit angezeigt.

Google Drive funktioniert auf allen Geräten und Betriebssystemen im Browser – von PC bis Smartphone. Außerdem lässt sich der Dienst innerhalb des kostenpflichtigen Google Workplace für Unternehmen nutzen.
Alternativen: Dropbox, OwnCloud.

▸ Datentransfer

Eine smarte Lösung für das Versenden großer Dateien, etwa per E-Mail oder Messen-

Schneller Überblick

Gesamtlösung oder Einzelkomponenten? Kommerziell oder Open Source? Wer sich sein Toolset selbst zusammenstellt, sollte **genau prüfen,** was er wirklich braucht und auch die Kosten im Blick behalten. Eventuell ist es die bessere Lösung, Software nicht zu installieren, sondern **internetbasiert** zu nutzen.

ger, lautet: Nicht die Datei selbst schicken, sondern einen Download-Link! Dieser verweist auf den Speicherort, von dem aus sie der Empfänger herunterladen kann.

Bietet das eigene Unternehmen keine Team-Software an oder ist der Empfänger nicht „remote" an Kommunikationstools angeschlossen, ist WeTransfer ein Mittel der Wahl. Einfach wetransfer.com anklicken, Mailadresse des Empfängers angeben, Datei hochladen und verschicken. Bis zu einer Dateigröße von 2 Gigabyte ist der Service kostenlos und darf beliebig oft genutzt werden. Die Datei wird nach dem Upload auf dem Server des Dienstleisters gespeichert. Der Empfänger erhält eine E-Mail mit einem sieben Tage lang gültigen Link zum Download. Die Übertragung der Daten erfolgt zudem verschlüsselt.

Alternativen: Wikisend, Send Anywhere, Google Drive, Dropbox.

▸ Fernzugriff

Wer aus dem Homeoffice auf seinen Rechner im Büro zugreifen muss, nutzt am besten das Tool Teamviewer. Dieses ist nicht nur bei der Fernwartung nützlich. Mit ihm können Nutzer auch bestimmte Dateien sperren, damit private und andere sensible Daten nicht übertragbar sind. Beide Rechner müssen den Einblick auch zweifach bestätigen, damit das System beim Remote arbeiten nicht ohne Einverständnis genutzt werden kann.

Nachteil: Teamviewer ist nur für den privaten Einsatz kostenlos, für den beruflichen Einsatz müssen Sie zahlen.

Tipp: Fragen Sie Ihre IT-Abteilung, ob diese Ihnen eine Lizenz zur Verfügung stellen kann. Teamviewer funktioniert unter Windows, Linux und macOS und lässt sich auch mit Android und iOS nutzen.

▸ Aufgaben / Projektmanagement

Tools wie Asana sind – wie Slack und Microsoft Teams auch – digitale Arbeitsplätze („Workspaces"), weil sie zahlreiche nützliche Funktionalitäten bieten. Anders als bei Messengern liegt der Fokus bei Asana weniger auf dem Austausch, als vielmehr auf der Planung von ganzen Projekten und einzelnen Aufgaben. Jede und jeder Berechtigte kann ein Projekt eröffnen, Personen an Bord holen, ihnen Aufgaben zuweisen und deren Bearbeitungsstand überwachen. Alle können dann aus dem Homeoffice erkennen, wie weit die Arbeit fortgeschritten ist. Unter den einzelnen Aufgaben können sich Teammitglieder kommentierend einschalten. Dadurch erhält die Kommunikation einen stärker fachlichen Charakter.

Eine sehr einfache Nutzeroberfläche bietet das browserbasierte Tool Trello. Es dient als zentraler Ort für die Kommunikation verschiedener Teams. In einem Board lassen sich Listen erstellen, die wiederum in Karten unterteilt sind. Listen und Karten können per Drag and Drop einfach verschoben werden. In jeder Karte ist der Upload von Dateien, weiteren To-do-Listen sowie Nutzerrechten von Mitarbeitern möglich. Die visuelle Umsetzung der Unteraufgaben eines Projekts erleichtert den Überblick.

Optional lässt sich Trello mit Kommunikations-Apps wie Slack, Google Drive und Dropbox sowie weiteren anwenderspezifischen Tools verzahnen.

Alternativen: Hive, Airtable, Bitrix24, Factro, ClickUp.

Vertrauen schaffen, Spaß haben, als Team wachsen

Grundgerüst jedes Teams sind die Beziehungen der Mitglieder zueinander. Bei der Zusammenarbeit auf Distanz heißt es, bewusst in Kontakt zu bleiben und den Zusammenhalt zu stärken.

Der fehlende persönliche Kontakt zählt zu den am häufigsten genannten Nachteilen des Arbeitens im Homeoffice. Tatsache ist: Je öfter jemand von zu Hause aus arbeitet, desto größer ist die Gefahr, innerhalb des Teams an den Rand zu rücken, nicht mehr Teil von Netzwerken und informellen Zirkeln zu sein und sich irgendwann allein zu fühlen. Darunter leiden sowohl die Produktivität als auch das persönliche Wohlbefinden. Unternehmen, in denen zum größten Teil oder ausschließlich „remote" gearbeitet wird, haben das Problem erkannt und beschäftigen zunehmend Teambuilding-Experten, die sich darum kümmern, dass Mitarbeitende emotionale Bindungen aufbauen und ein Wir-Gefühl entwickeln.

Einer berühmten Mitarbeiterstudie des Tech-Giganten Google zufolge („Project Aristotle") entscheidet nicht die Zusammensetzung eines Teams über dessen Erfolg, sondern die Art und Weise, wie Teammitglieder miteinander umgehen. Wichtigste Vorbedingung sei ein Gruppenklima der „psychologischen Sicherheit", in dem alle Mitarbeiter das Gefühl haben, „zwischenmenschliche Risiken" eingehen zu können. Dass sie zum Beispiel Kolleginnen gegenüber Fehler eingestehen können, ohne dafür zur Strafe von den anderen ausgegrenzt zu werden. Psychologische Sicherheit lässt sich dadurch schaffen, dass Teammitglieder einander immer wieder signalisieren, dass niemand perfekt ist.

Googles Forscher stellten außerdem fest, dass sämtliche erfolgreichen Teams dieselben zwei Verhaltensmuster teilen: In Diskussionen achten sie darauf, dass alle Mitglieder zu etwa gleichen Teilen zu Wort kommen. Und: Sie verfügen im Schnitt über eine höhere soziale Sensibilität. Das heißt, ihre Mitglieder können nonverbale Signale deuten und sich so besser in ihre Kolleginnen einfühlen. Auch dafür bedarf es eines Klimas, dass von gegenseitigem Vertrauen und Respekt geprägt ist.

Grundregeln klären

Ein solches Klima entsteht nicht von heute auf morgen – und oft ist es nicht einfach, sich in jedes Meeting einzubringen, andere zu Wort kommen zu lassen, nonverbale Signale zu deuten und Empathie zu zeigen. Doch im Homeoffice ist all das noch wichtiger als im Büro, wo alle face-to-face kommunizieren und agieren. Falls noch nicht geschehen, sollten mehr oder weniger remote arbeitende Teams deshalb zunächst ein paar Grundregeln aufstellen. Das betrifft sowohl das Gestalten von Arbeitsabläufen als auch die Kommunikation untereinander. So sollte geklärt werden, wann und wie miteinander kommuniziert wird, was dokumentiert werden muss, wer wann arbeitet, Pause macht und wie lange etc. So findet jeder Kollege seine Rolle, die Komplexität der Zusammenarbeit wird reduziert – zugunsten von Transparenz und Verlässlichkeit.

Informell kommunizieren

Während sich „formelle" Kommunikation – etwa in der Teambesprechung oder im Jour fixe – an Hierarchien und Regeln orientiert und meist sachlich und ernst ist, umfasst „informelle" Kommunikation all das, was sich jenseits dessen abspielt.

Der Zugang zu dieser Welt wird gern als „kurzer Dienstweg" oder „guter Draht" bezeichnet. Dieser spontane Austausch trägt wesentlich dazu bei, Organisationen am Laufen zu halten – und macht Teams erst zu Teams. In der Face-to-face-Welt braucht es dafür keine Verabredungen oder gar Besprechungen – man trifft sich zufällig an der Kaffeemaschine oder auf dem Flur, geht kurz bei jemandem vorbei oder gemeinsam zum Mittagessen.

Informelle Kommunikation unterstützt dabei nicht nur den Austausch von Wissen und Erfahrungen, sondern dient auch dem Aufbau von Vertrauen und Netzwerken. Ein „Ich schau' mal, was ich für dich tun kann." wirkt oft wahre Wunder und stärkt den Zusammenhalt.

Im Homeoffice gibt es keine ungeplanten Begegnungen. Hier schaut man auch nicht kurz bei jemandem vorbei. Für jeden Gedankenaustausch heißt es, jemanden gezielt anzurufen. Darunter leidet die Beziehungsebene zwangsläufig – Mitarbeiter im Homeoffice fühlen sich schnell vom Informationsfluss abgeschnitten.

Um Bindungen zu stärken und Vertrauen zu schaffen, gilt es trotz allem, einen zwanglosen und spontanen Austausch zu ermöglichen. Das kann mit einem „Guten Morgen" im Teamchat oder einer Verabredung zum Telefonieren in der Mittagspause beginnen und muss mit einem virtuellen After-Work-Cocktail als Start in den Feierabend längst nicht aufhören.

Übrigens: Zum Simulieren zufälliger Begegnungen gibt es verschiedene Apps, beispielsweise Donut als Ergänzung für den Messaging-Dienst Slack. Mit ihrer Hilfe lassen sich Kollegen „matchen", die sonst wenig miteinander in Kontakt stehen – sehr hilfreich vor allem auch für neue Kollegen.

Grundsätzlich gilt: Für Diskussionen über emotionale und kritische Themen braucht man den Videochat, weil nur er die Reaktion des Gesprächspartners zeigt.

Rituale etablieren

Darüber hinaus ist es sinnvoll, auch formelle Anlässe wie Teammeetings zu nutzen, um den persönlichen Austausch zu pflegen – allerdings in einem vorher definierten Rahmen. Warum nicht die ersten zehn Minuten für einen Check-in nutzen, in dem jeder erzählt, wie es ihm gerade geht, welches sein Highlight der vergangenen 24 Stunden war, was er am Tag vorhat und wo er Unterstützung benötigt. Auch Gespräche über Wochenendpläne oder das gemeinsame Gratulieren zum Geburtstag einer Kollegin bringen Gemeinschaft in den Arbeitstag, halten das Team zusammen und können den weiteren Verlauf des Meetings effektiver machen! Genauso kann nach der Konferenz der Meetingraum offen bleiben für Mitarbeiter, die sich noch austauschen wollen.

Beim Organisieren von mehr Austausch sind zum einen die Mitarbeiter gefordert, aktiv auf ihre Kollegen zuzugehen. Zum anderen ist es die Aufgabe von Vorgesetzten, die Voraussetzungen zu schaffen. Letztlich geht es darum, geeignete Formate für virtuelle Treffen zu finden. Das kann ein gemeinsames Frühstücken per Videokonferenz einmal pro Woche sein, ein „Flurgespräch" zu aktuellen Fragen oder ein nachmittäglicher Kaffeeklatsch zu dritt im Gruppenchat. Die Teilnahme sollte freiwillig sein. Ansonsten gilt: Chatten Sie einzelne Kollegen von Zeit zu Zeit mal an. Fragen Sie, wie es ihnen geht, wie die Arbeit läuft und erzählen Sie, was Sie selbst gerade beschäftigt.

Schneller Überblick

Beim Zusammenarbeiten auf Distanz spielen ein von **Offenheit und Teamgeist geprägtes Gruppenklima,** ein **respektvoller Umgang** der Mitglieder miteinander sowie die **Fähigkeit zu Empathie** eine entscheidende Rolle für den Erfolg. Wichtiger als sich intern zu profilieren und möglichst dominant aufzutreten, ist der Beitrag Einzelner zu einem **Wir-Gefühl** und einer Atmosphäre, in der sich alle einbringen wollen und niemand sich verstellen oder Angst haben muss, seine **Meinung zu äußern** oder **Kritik zu üben**.

Persönlich werden

Kommunikation und Empathie gelten als Grundpfeiler, wenn es darum geht, echte und dauerhafte Verbindungen innerhalb eines Teams zu schmieden. Googles „Project Aristotle" brachte hervor, dass sich niemand wünscht, ein „Arbeitsgesicht" aufsetzen zu müssen, wenn er oder sie morgens ins Büro geht. Niemand möchte einen Teil seiner Persönlichkeit und seiner Emotionen zu Hause lassen müssen. Um „psychologisch sicher" zu sein, müssen Menschen das Gefühl haben, sowohl schöne und ermutigende – bei Bedarf aber auch belastende Dinge wie eine Krankheit oder eine kürzlich erfolgte Trennung mit Kollegen teilen zu können.

Emotionale Gespräche gehören zu einem guten Teamklima – auch in Branchen und unter Berufsgruppen, die sonst eher für rationales Denken und Handeln stehen. Positive Gefühle und ein paar Lacher tun gut.

Als Teambuilding-Maßnahme eignen sich Spiele wie „Montagsmaler". Hier kann jedes Teammitglied Begriffe malen, während die anderen sie erraten müssen. Das macht genauso viel Spaß wie ein Spieleabend zu Hause und lässt den Alltag für einen kurzen Moment verschwinden.

Feedback geben und einfordern

Leider ist virtuell erbrachte Arbeit grundsätzlich von außen schwieriger sichtbar. Was jemand im Homeoffice leistet, nehmen

Virtuell feiern. Um eine Geburtstagsparty für einen Kollegen im Homeoffice zu organisieren, schicken Sie einen Termin mit neutralem Betreff ans Team und weihen die Kollegen ein, damit diese sich ein Hütchen aufsetzen, eine Girlande aufhängen und ein Getränk holen können. Schaltet sich der Jubilar zu, darf gejubelt und angestoßen werden!

Vorgesetzte und Kolleginnen deshalb tendenziell weniger wahr. Das hat Folgen: Fehlendes Feedback auf geleistete Arbeit und mangelnde Anerkennung für erfüllte Aufgaben wirken demotivierend und schädigen auf Dauer die Identifikation betroffener Mitglieder mit ihrem Team und dem gesamten Unternehmen.

Tipp: Bietet Ihre Führungskraft nicht von sich aus Meetings unter vier Augen („One-on-one") an, sollten Sie regelmäßig um einen Termin bitten, um gemeinsam über Inhalte und Qualität der geleisteten Arbeit zu sprechen.

Je seltener man seine Kollegen im Büro sieht, desto wichtiger ist es, sich auch auf derselben Hierarchiestufe gegenseitig Lob und Wertschätzung auszudrücken und damit für positive Stimmung sowie ein „Wir-Gefühl" zu sorgen. Es schadet auch nicht, einander im Teammeeting zu applaudieren und Erfolge virtuell zu feiern. Gut fürs Binnenklima im Team sind regelmäßige und gut moderierte Feedbackrunden, zum Beispiel am Ende der Woche. Fragen können sein: „Was haben wir gut gemacht?", „Was haben wir gelernt?", „Was müssen wir künftig anders machen und warum?", „Welche Maßnahmen wollen wir ausprobieren?".

Wer dagegen kritisches Feedback äußert, sollte darauf achten, das richtige Medium und den richtigen Ton zu wählen. Ohne persönlichen Kontakt entstehen schnell Missverständnisse. Deshalb sind für Kritik persönliche Gespräche besser geeignet.

DIE 3 BESTEN TEAM-TIPPS

1 In der Gruppe arbeiten. Ideen und Lösungen gemeinsam mit anderen zu entwickeln fördert den Teamgeist mehr, als immer nur auf die Präsentationen Einzelner zu starren. Arbeiten Sie deshalb auch im Homeoffice öfter mit kollaborativen Methoden, etwa virtuellen Haftnotizen in Mural oder mit Miro, einem digitalen Whiteboard.

2 Andere motivieren. Ein solches digitales Whiteboard ist darüber hinaus perfekt für regelmäßiges Feedback innerhalb des Teams: Dabei schreibt jeder auf, was er an den Kolleginnen schätzt – anschließend machen sich alle zusammen den Wert bewusst, den das eigene Team innerhalb des Unternehmens besitzt.

3 Spaß haben. Veranstalten Sie im Team virtuelle Events. Die Palette reicht vom After-Work-Bier über Quiz-Spiele bis zur Teamchallenge im Escape-Room. Gemeinsam Spaß zu haben und neue Erfahrungen mit anderen zu teilen, schweißt Teams zusammen.

Berufliches und Privates im Gleichgewicht

Regelmäßiges Arbeiten im Homeoffice kann helfen, Job und Privatleben besser auszubalancieren. Damit der Plan aufgeht, braucht es Organisationsvermögen, Selbstdisziplin und Unterstützung durch den Arbeitgeber.

Ein gesundes Gleichgewicht zwischen Berufs- und Privatleben – das ist die Quintessenz im Konzept der Work-Life-Balance. Tatsächlich sind ausgeglichene und zufriedene Mitarbeiter motivierter und produktiver als stressgeplagte Workaholics.

Ob Homeoffice die Vereinbarkeit von Beruf und Privatleben beziehungsweise Familie unterstützt oder zumindest Probleme verringert, ist umstritten. Einer Anfang 2020 – und damit unmittelbar vor der Coronakrise und ihren speziellen Bedingungen – veröffentlichten Studie der Hans-Böckler-Stiftung zufolge sagten 52 Prozent der Befragten, dass sich die Vereinbarkeit durch das Homeoffice verbessert habe. Knapp 50 Prozent der Befragten fanden jedoch auch, dass die Grenze zwischen Arbeit und Privatleben im Homeoffice verschwimmt.

So viel scheint immerhin sicher: Während Einsatzbereitschaft und Arbeitszufriedenheit allein schon durch die Möglichkeit auf Homeoffice steigen, kommt es bei der Vereinbarkeit von Beruf und Privatleben vor allem auf die tatsächliche Art der Nutzung an. Wer innerhalb von Sekunden zwischen

Beruf und Privatem wechseln kann, läuft schneller Gefahr, nicht mehr abschalten zu können – oder schlicht länger zu arbeiten. So machen Beschäftigte mit Homeoffice mehr Überstunden als diejenigen, die nur im Betrieb arbeiten. Statt die gesparte Pendelzeit für Freizeitaktivitäten oder zur Erholung zu nutzen, bleibt man im Homeoffice häufig länger am Schreibtisch sitzen.

Ob sich Job und Privates durch Homeoffice tatsächlich besser vereinbaren lassen, hängt laut der eingangs zitierten Studie der Böckler-Stiftung vor allem davon ab, ob das Unternehmen Homeoffice bewusst als Mittel zur besseren Vereinbarkeit oder als Teil einer strikt leistungsorientierten Managementstrategie betrachtet.

- **Betriebliche Bedingungen:** Setzt sich das Unternehmen generell stark für die Vereinbarkeit von Familie und Beruf ein, profitieren Beschäftigte stärker von der Arbeit im Homeoffice. Zum Beispiel beträgt die durchschnittliche Wahrscheinlichkeit, ausschließlich gute Erfahrungen mit Homeoffice zu machen, in Betrieben, die Aufstiegsmöglichkeiten für Teilzeitkräfte bieten, 49 Prozent. In Betrieben, die den Frauenanteil in Führungspositionen durch flexible Arbeitszeiten fördern, liegt sie bei 42 Prozent. Ohne diese Maßnahmen sind es im Schnitt nur knapp 31 beziehungsweise 28 Prozent.
- **Gerechte Behandlung:** Geben Arbeitnehmer an, dass sie ihr Vorgesetzter nicht fair behandelt, beträgt die Wahrscheinlichkeit für eine ausschließlich gute Erfahrung mit Homeoffice im Durchschnitt knapp vier Prozent. Haben Sie dagegen das gegenteilige Gefühl, liegt die durchschnittliche Wahrscheinlichkeit bei knapp 53 Prozent. Fair behandelt zu werden vermittelt offenbar ein Gefühl von Sicherheit und Berechenbarkeit, das Beschäftigten im Homeoffice zugutekommt.
- **Häufigkeit und Dauer:** Homeoffice innerhalb der normalen Arbeitszeit ist der Work-Life-Balance deutlich zuträglicher als in der Freizeit. Und: Ganze Tage zu Hause zu arbeiten, ist förderlicher als dies lediglich stundenweise zu tun. Die Wahrscheinlichkeit für ausschließlich gute Erfahrungen beträgt 53 Prozent mit ganzen Tagen gegenüber 29 Prozent mit einzelnen Stunden im Homeoffice. Die schlechte Nachricht: Zum Zeitpunkt der Befragung arbeiteten nur 15 Prozent der Teilnehmenden ganze Tage von zu Hause aus – und lediglich 22 Prozent innerhalb ihrer normalen Arbeitszeit.
- **Vertragliche Fixierung:** Ist Homeoffice vertraglich geregelt, machen 46 Prozent der Arbeitnehmer durchweg gute Erfahrungen. Ist es das nicht – etwa bei informellen Absprachen – sind es nur 32 Prozent. Allerdings arbeiteten zum Zeitpunkt der Befragung nur 17 Prozent der Beschäftigten auf Basis einer vertraglichen Regelung im Homeoffice.

Körperlich fit bleiben

Wer zu Hause arbeitet, sitzt oft über Stunden fast reglos am Tisch. Das führt zu Rückenschmerzen, einem steifen Nacken und Übergewicht. Vorbeugen lässt sich durch mehr Bewegung.

Besondere Bedeutung kommt der Gesundheit am heimischen Arbeitsplatz zu. Strukturen und Abläufe so zu gestalten, dass sie die Gesundheit der Mitarbeitenden fördern und nicht schädigen – das ist in erster Linie Aufgabe von Arbeitgeber und Vorgesetzten. Darüber hinaus sind auch die Mitarbeitenden selbst gefragt, verantwortungsbewusst zu handeln und sich um ihre Gesundheit zu kümmern. Die Möglichkeiten reichen von der schnellen Entspannungsübung für zwischendurch bis zur Inanspruchnahme betrieblicher Angebote der Gesundheitsförderung.

Sitzen, stehen, gehen

Fast 90 Prozent der Arbeitnehmer kennen Beschwerden an der Wirbelsäule. Das ergab eine Umfrage der Krankenkasse Pronova BKK unter fast 2000 Arbeitnehmern. Die Corona-Pandemie und der Umzug vom ergonomisch eingerichteten Arbeitsplatz im Büro an den Küchentisch verschärften das Leid von etwa jedem Dritten noch weiter, stellte das Meinungsforschungsunternehmen Civey im Juni 2020 fest. Fast zwei Jahre später sitzen noch immer viele Menschen täglich mehrere Stunden an provisorischen Arbeitsplätzen. Andere verfügen zwar über ergonomische Büromöbel (siehe S. 133 ff.), sitzen jedoch ebenfalls zu lange und obendrein falsch am Schreibtisch.

Insbesondere langes Sitzen belastet die Bandscheiben, verbrennt wenig Kalorien und macht müde. Obendrein sind die Muskeln nur wenig aktiv. Daher sollten Sie mehrmals in der Stunde aufstehen und sich dehnen und strecken, damit Ihr Kreislauf in Schwung kommt. So rütteln Sie nicht nur Ihre Muskeln wach, sondern fördern auch den Blutfluss. Der Kreislauf wird angeregt und das Gehirn besser mit Sauerstoff versorgt. Sie können also schon durch kleine Bewegungen ihr Energielevel erneut hochfahren und sich anschließend wieder besser konzentrieren.

Tipp: Wenn möglich, teilen Sie sich jede Stunde so ein, dass sie 40 Minuten dynamisch sitzen, 15 Minuten stehen und 5 Minuten laufen. Für das stehende Arbeiten ist ein höhenverstellbarer Schreibtisch ideal, laufen können Sie zum Beispiel während längerer Telefonate. Zusätzlich können Sie Ihr Büromaterial so anordnen, dass sie zum Aufstehen gezwungen sind, wenn sie einen Aktenordner oder den Locher brauchen.

Checkliste

Meine Work-Life-Balance

Um Ihre Work-Life-Balance zu verbessern, müssen Sie wissen, wo Sie ansetzen sollen. Die folgenden Fragen in unserer Checkliste helfen dabei. Je häufiger Sie mit Ja antworten, desto gestörter ist Ihr persönliches Gleichgewicht.

Familie / Privatleben

- ☐ Haben Sie zu wenig Zeit für Ihr privates Umfeld?
- ☐ Vernachlässigen Sie familiäre Aufgaben und im Haushalt?
- ☐ Verschieben Sie private Termine häufig wegen des Jobs?
- ☐ Schlafen Sie nachts schlecht und/oder zu wenig?
- ☐ Fällt es Ihnen schwer, sich zu entspannen?
- ☐ Fühlen Sie sich durch Ihren Job physisch und/oder psychisch beeinträchtigt?
- ☐ Ernähren Sie sich eher unausgewogen und einseitig?
- ☐ Fehlt Ihnen die Zeit für Dinge, die Ihnen Spaß machen?

Arbeit / Berufsleben

- ☐ Arbeiten Sie oft abends und an Wochenenden?
- ☐ Fühlen Sie sich häufig gestresst?
- ☐ Sind Sie außerhalb der Arbeitszeiten für Vorgesetzte und/oder Kollegen erreichbar?
- ☐ Schaffen Sie Ihre Arbeit nicht in der vorgesehenen Zeit?
- ☐ Kennen Sie Zeitfresser, können aber nichts dagegen tun?
- ☐ Fühlen Sie sich von Vorgesetzten unter Druck gesetzt?
- ☐ Sind Sie mit Ihrem Berufsleben unzufrieden?
- ☐ Gönnen Sie sich zu wenige und/oder zu kurze Pausen?
- ☐ Frühstücken Sie nichts oder wenn, dann vor PC bzw. Smartphone?
- ☐ Essen Sie während der Arbeit nichts oder unter Zeitdruck?
- ☐ Trinken Sie mehr als drei Tassen Kaffee am Tag?

Bewegung
Es muss nicht immer Jogging sein – auch regelmäßiges Walken und Spazierengehen an der frischen Luft stärkt Herz und Kreislauf, lindert Verspannungen und macht den Kopf frei.

Fehlhaltungen vermeiden

Viele Menschen machen den Fehler, ihre Schultern während der Arbeit am Schreibtisch nach vorn sacken zu lassen. Dadurch krümmt sich der Rücken. Die meisten beugen sich beim Arbeiten zusätzlich nach vorn, was die Nackenmuskulatur stark belastet. Schuld sind oft ein zu kleines Display, eine winzig eingestellte Schrift oder Probleme mit der Sehstärke.

Auch wenn sich Tastatur und Maus zu weit von der Tischkante entfernt befinden oder die Unterarme nicht parallel auf der Tischplatte aufliegen können, sind Fehlhaltungen die Folge. Finden zudem die Füße keinen stabilen Halt auf dem Boden, rutscht man auf der Sitzfläche unwillkürlich nach vorn. Hierdurch ergibt sich eine unnötige Belastung für Beine und Rücken. Zu langes Verharren in einer Position belastet zudem die Bandscheiben, was wiederum zu Rückenschmerzen führt.

Die richtige Sitzposition zeichnet sich durch eine möglichst aufrechte Haltung aus, die die natürliche Doppel-S-Form der Wirbelsäule unterstützt. Diese Haltung belastet die Wirbelsäule gleichmäßig und kräftigt die Rückenmuskulatur. Das Becken sollte dabei etwas nach vorn gekippt sein, sodass die Oberschenkel leicht abfallen. Die Füße benötigen einen festen Halt auf dem Boden. Zudem sollte die aufrechte Haltung dazu führen, dass Sie keine Anspannung in den Schultern spüren. Gleichzeitig heben Sie das Brustbein so an, dass es nach oben und vorn strebt. Ein gerader Nacken beansprucht die Halswirbelsäule weniger. Das erreichen Sie, indem Sie Ihren Hinterkopf nach hinten und oben strecken. Ihr Kinn neigt sich dabei in Richtung des Brustbeins.

Aktive Auszeit
Gezieltes Bewegen im Sitzen steigert das eigene Wohlbefinden.

Merken Sie im Lauf des Arbeitstages, dass Ihre Schultern nach vorn rutschen und Sie in einen Rundrücken verfallen, richten Sie sich bewusst wieder auf. Ziehen Sie die Schultern nach oben und lassen Sie sie dann kreisförmig nach hinten und unten rollen. Richten Sie ihren Kopf dabei so aus, dass Ihre Nackenwirbel gerade sind. Denken Sie an die Doppel-S-Form Ihrer Wirbelsäule und stellen Sie eine gleichmäßige Belastung des Rückens her. Ändern Sie beim Arbeiten öfter die Sitzhaltung, um Verspannungen im Rücken vorzubeugen.

Übungen im Sitzen

Regelmäßige Übungen helfen, Gelenke zu mobilisieren und Muskeln zu kräftigen. Dabei muss kein Schweiß strömen, wichtig ist die korrekte Ausführung. Üben Sie am besten mehrmals am Tag. Denken Sie außer an Rücken- und Nackenbereich auch an Hand-, Schulter- und Fußgelenke.

Folgende Übungen ermöglichen Bewegungspausen im Sitzen:

- **Ziehen Sie** zur Lockerung des Schulter- und Nackenbereichs die Schultern nach oben. Halten Sie die Anspannung kurz und lassen Sie die Schultern dann entspannt über hinten nach unten rollen.
- **Strecken Sie** Ihre Arme abwechselnd über den Kopf. Das bringt Bewegung in die Wirbelsäule.
- **Dehnen Sie** die Halsmuskeln, indem Sie den Kopf nach links neigen und zugleich den rechten Arm nach unten ziehen. Nach drei Wiederholungen wechseln Sie die Seite.
- **Stellen Sie** Ihre Füße etwas weiter als hüftbreit auf und lassen Sie Oberkörper

und Arme nach vorn in Richtung des Bodens sinken, um die Wirbelsäule etwas zu dekomprimieren. Die Hände können Sie dabei nach vorn ausstrecken und mit den Fingern einmal nach rechts und dann nach links wandern. Dabei strecken Sie die Seiten Ihrer Wirbelsäule.

- **Greifen Sie** in dieser Haltung mit den Händen den jeweils anderen Ellenbogen und lassen Sie den Kopf nach unten hängen oder leicht von einer Seite zur anderen pendeln. Anschließend richten Sie sich langsam Wirbel für Wirbel wieder auf.
- **Wechseln Sie** einige Male zwischen Hohlkreuz und Rundrücken, um ein wenig Bewegung in die Rückenmuskulatur zu bringen. Legen Sie dafür zunächst die Hände auf Ihre Knie. Dann schieben Sie beim Einatmen das Brustbein nach vorn und ziehen Sie gleichzeitig die Schultern hinter dem Rücken zusammen. Beim Ausatmen machen Sie Ihren Rücken so rund wie möglich.
- **Rücken Sie** auf der Sitzfläche nach vorn und machen Sie Drehungen, denn diese nehmen die Spannung aus der Wirbelsäule. Platzieren Sie Ihre rechte Hand hinter sich auf die Sitzfläche und die linke Hand auf die rechte Armlehne. Drehen Sie sich beim Ausatmen einmal zur rechten Seite auf und atmen Sie einige Male tief ein und aus. Achten Sie darauf, dass Ihr Kopf auf einer Linie mit Ihrem Brustbein bleibt. Drehen Sie anschließend zurück zur Mitte und wechseln Sie die Seiten.

Übungen auf der Matte

Zehn Minuten Gymnastik morgens vor der Arbeit oder nach Feierabend – so viel Zeit sollte Schreibtischarbeitern ihre Gesundheit wert sein. Folgende Übungen können

---

Bewegung, Bewegung! Damit sie nicht vergessen, ab und zu aufzustehen oder ein paar Übungen einzuschieben, richten Sie am besten auf dem Smartphone eine Erinnerungsfunktion ein. Hilfreich sind auch Smartwatches und Fitnesstracker. Viele von ihnen merken sogar von selbst, wenn man sich länger nicht bewegt hat – und fordern einen zum Beispiel auf, im Sitzen den Oberkörper zu drehen oder ein paar Schritte zu gehen. Übrigens: Die Experten der Stiftung Warentest testen fortlaufend neue Smartwatches und Fitnesstracker. Die aktuell besten Modelle können Sie sich unter test.de/smartwatches anzeigen lassen.

Sanfte Stärkung
Gymnastik kräftigt und mobilisiert den Körper schonend, eignet sich also auch bei Rücken- und Gelenkproblemen.

insbesondere Rückenschmerzen vorbeugen oder verhindern helfen, dass diese chronisch werden:

- **Schulterbrücke:** Stellen Sie in Rückenlage die Beine hüftbreit auf, legen Sie die Arme neben dem Körper ab. Spannen Sie Bauch und Gesäß an und drücken Sie die Lendenwirbelsäule zu Boden. Lösen Sie dann von unten bis zu den Schultern Wirbel für Wirbel vom Boden. Oben halten und langsam abrollen. Fünfmal wiederholen.
- **Bauchpresse:** Stellen Sie die Beine hüftbreit auf, die Arme liegen neben dem Körper. Bleiben Sie mit der Lendenwirbelsäule auf dem Boden, spannen Sie die Bauchmuskeln an. Heben Sie Kopf und Schulterblätter Wirbel für Wirbel vom Boden. Kurz halten, langsam wieder abrollen. Fünfmal wiederholen.
- **Rumpfheber:** In Bauchlage ruhen die Arme angewinkelt neben dem Körper, die Stirn ist zum Boden gesenkt. Spannen Sie in dieser Haltung Bauch und Gesäß an. Heben Sie erst die Arme, dann den Oberkörper etwas vom Boden. Kurz halten, langsam senken, locker lassen. Sechsmal wiederholen.
- **Katze:** Starten Sie im Vierfüßlerstand. Die Hände stehen unter den Schultern, die Knie unter den Hüften, der Bauch ist eingezogen. Heben Sie beim Einatmen den Kopf und senken Sie den Rücken in ein leichtes Hohlkreuz. Beim Ausatmen senken Sie den Kopf und wölben den Rücken nach oben. Übung im Atemrhythmus fünfmal wiederholen.
- **Kniewaage:** Starten Sie diese Übung im Vierfüßlerstand. Heben Sie zugleich den rechten Arm und das linke Bein. Kurz halten, dann Arm und Bein wieder senken. Seitenwechsel. Einsteiger können erst nur die Arme im Wechsel heben, dann die Beine. Übung fünfmal pro Seite wiederholen.

Tipp: Um zunächst einmal herauszufinden, welcher Bewegungstyp Sie sind und welche Übungen am Arbeitsplatz für Sie am besten geeignet sind, können Sie sich beispielsweise beim Online-Programm „Rücken aktiv im Job“ der Allgemeinen Ortskrankenkasse

(AOK) anmelden und kostenlos daran teilnehmen. Gut zu wissen: Das Angebot ist auch für Menschen geöffnet, die nicht bei der AOK versichert sind.

Augen schonen

Stundenlanges Schauen auf den Computermonitor ist Schwerstarbeit für die Augen. Zu schaffen machen ihnen vor allem Reflexionen sowie Spiegelungen und Flimmern auf dem Bildschirm. Weitere Ursachen für Probleme sind ein unangenehmer Kontrast zwischen Vorder- und Hintergrund, ein falscher Sitzabstand zum Monitor, schlechte Raumbeleuchtung sowie Sonnenstrahlen, die auf den Bildschirm fallen und blenden.

Kein Wunder, dass viele Bildschirmarbeiter an überanstrengten und trockenen oder sogar brennenden und wunden Augen leiden. Experten sprechen in solchen Fällen vom „Office-Eye-Syndrom", dem Büro-Augen-Syndrom. Eine Überbeanspruchung der Augen kann darüber hinaus zu Ermüdungserscheinungen, Kopfschmerzen und Lichtempfindlichkeit führen.

Ein Trick, um die Augen zu entlasten, ist die „20–20–20-Regel". Sie besagt, dass man alle 20 Minuten für mindestens 20 Sekunden ein Objekt betrachten sollte, das mindestens 20 Fuß – also rund sechs Meter – entfernt ist. Damit man nicht ständig auf die Uhr schauen muss, geben Apps wie das kostenlose Windows-Tool „202020" per Signalton den Rhythmus vor. Dieser wird wiederholt, solange das Tool aktiviert ist.

→ Arbeitsplatzbrille

Bei vielen Beschäftigten ab ca. 45 Jahren reicht die Fern- oder Lesebrille nicht mehr aus, um Inhalte auf dem Monitor scharf zu sehen. Laut § 5 der Verordnung zur arbeitsmedizinischen Vorsorge (ArbMedVV) sind Arbeitgeber verpflichtet, Beschäftigten eine „angemessene Untersuchung der Augen und des Sehvermögens durch eine fachkundige Person" anzubieten. Meist ist das der Betriebsarzt. Rät dieser zu einer Altersnahbrille – auch Bildschirmbrille genannt – muss der Arbeitgeber die Kosten dafür innerhalb eines bestimmten Rahmens übernehmen (Anhang Teil 4 ArbMedVV). Luxusausstattungen trägt der Beschäftigte selbst. Das Anfertigen und Anpassen der Brille ist dann Sache eines Augenoptikers. Unter test.de/optiker finden Sie einen Test von Augenoptikern sowie Informationen zu Extras bei Brillengläsern.

Zudem ist der Anteil an blauem Licht, den digitale Displays aussenden, für unser Gehirn sehr anstrengend – insbesondere im Dunkeln und vor dem Schlafengehen. Blaues Licht aktiviert unsere Sinne und verhindert, dass wir einschlafen. Bildschirmarbeiter sollten die Blaulichtfilter oder den „Dark Mode" ihrer Geräte aktivieren und in der letzten Stunde vor dem Schlafengehen auf Smartphone und Tablet verzichten.

Arbeiten trotz Krankheit?

Studien zeigen, dass sich Menschen, die im Homeoffice arbeiten, deutlich seltener krank melden. Sie fehlten im Schnitt an knapp acht Tagen im Jahr. Diejenigen, die nur im Betrieb arbeiteten, fehlten an rund zwölf Tagen. Laut Fehlzeiten-Report der AOK von 2019 ist ein Grund dafür das verminderte Risiko, sich bei erkälteten Kollegen anzustecken. Jeder Büroarbeiter kennt die Zeiträume im Jahr, wenn sowohl in Bussen und Bahnen, als auch in Büroräumen und auf Gängen permanent geschnieft und gehustet wird.

Ein zweiter Grund besteht jedoch darin, dass Heimarbeit die Tendenz fördert, trotz Krankheit zu arbeiten. Wissenschaftler vermuten allerdings auch, dass kranke Mitarbeiter ihre höhere Flexibilität nutzen, um weniger zu arbeiten und die verlorene Arbeitszeit anschließend nachzuholen – ohne sich krank zu melden.

Experten raten dennoch dazu, sich auch aus dem Homeoffice falls nötig krank zu melden. Der ständigen Verfügbarkeit digitaler Techniken ließe sich am besten mit Selbstdisziplin und Vernunft begegnen. Die Fähigkeit, die eigene Arbeit so zu gestalten, dass die Gesundheit nicht leide – auch das sei digitale Kompetenz.

Damit es möglichst erst gar nicht zu Ausfällen kommt, können Unternehmen ihre Beschäftigten durch Angebote des Betrieblichen Gesundheitsmanagements unterstützen, das von Krankenkassen durchgeführt wird. Dabei kommen zunehmend digitale Techniken wie Onlinekurse zum Einsatz.

Ein Beispiel ist das AOK-Programm „Gesund führen“ (aok-gesundfuehren.de), bei dem Führungskräfte in sechs individuell durchführbaren Modulen ihr Führungsverhalten reflektieren, um die Gesundheit ihrer Mitarbeiterinnen und Mitarbeiter zu fördern. Gleichzeitig geht es auch darum,

---

Künstliche Tränen. Wer lange auf den Bildschirm blickt oder aufgrund einer unkorrigierten Fehlsichtigkeit angestrengt liest, blinzelt zu wenig. Folge: Das Lid verteilt den Tränenfilm schlechter auf der Augenoberfläche, die Augen werden trocken und jucken. Rezeptfreie Mittel, sogenannte künstliche Tränen, können Abhilfe schaffen – auch wenn im Alter die Tränenproduktion nachlässt. Besonders einfach anzuwenden sind Einzeldosen, etwas fummeliger in der Handhabung sind Pumpfläschchen. Um Augenentzündungen auszuschließen, sollten Betroffene zudem in jedem Fall einen Arzt aufsuchen.

sich besser um die eigene Gesundheit zu kümmern.

Auf Erholungszeiten achten

Dazu gehört auch, der „Entgrenzung" von Arbeit entgegenzuwirken und im Homeoffice regelmäßig Pausen einzulegen. So arbeitet man konzentrierter und ist effektiver. Wer dagegen stur „durchzieht", arbeitet nicht nur langsamer, sondern macht auch schneller Fehler. Der Gesetzgeber sieht nach sechs Stunden Arbeitszeit eine Pause von 30 Minuten vor. Experten empfehlen jedoch, mehrere kurze, aber intensive Pausen täglich einzulegen. Im Homeoffice fehlen zwar die Kollegen, mit denen man sonst die Mittagspause verbringt, dafür lassen sich die Pausen bewusster gestalten.

Für frische Luft sorgen

Sauerstoffzufuhr ist wichtig für das Gehirn, und frische Luft fördert die Konzentration. In kurzen Pausen gilt deshalb: Fenster öffnen und mehrmals kräftig und tief durchatmen. Die Mittagspause lässt sich nutzen, um sich für 30 Minuten zu bewegen – sei es beim Wäsche aufhängen oder Müll runterbringen. Idealerweise sind dabei Treppen zu steigen. Wer die Zeit dazu hat, kann auch eine Einheit Yoga oder Pilates einlegen oder – falls vorhanden – auf den Home- oder Crosstrainer kraxeln. Auch eine Verdauungsrunde um den Häuserblock nach dem Essen macht munter. Wer dagegen joggen möchte, sollte das vor dem Essen tun.

Schneller Überblick

Ausreichend schlafen, so wenig sitzen wie möglich, regelmäßig Pausen machen und **viel bewegen** – so lautet das Erfolgsrezept für mehr körperliche Fitness im Homeoffice. Ab einem Alter von ca. 45 Jahren sollten sich Bildschirmarbeiter zudem verstärkt um ihre **Augen** kümmern. Prüfen Sie auch, welche Angebote Ihr Betrieb in Sachen **Gesundheitsvorsorge** macht!

Faktoren für gesunden Schlaf

Gesunder und ausreichender Schlaf ist die Grundlage für ausreichende Leistungs- und Konzentrationsfähigkeit. Als ideal gelten sieben bis neun Stunden pro Nacht, wobei dies von Person zu Person variieren kann. Wenn man regelmäßig zu wenig schläft, wirkt sich das nicht nur auf auf die körperliche, sondern auch auf die geistige Gesundheit negativ aus.

Gesunden Schlaf unterstützt, wer möglichst früh zu Abend isst, in einem abgedunkelten Zimmer bei 16 bis 18° C Lufttemperatur schläft und nicht bis kurz vor dem Ins-Bett-Gehen am Rechner sitzt oder aufs Handy-Display starrt. Wer darauf nicht verzichten kann, sollte wenigstens in den Display-Einstellungen für die Abend- und Nachtstunden den Blaufilter aktivieren.

Psychisch gesund bleiben

Im Homeoffice denken viele, sie müssten sich noch mehr verausgaben als sonst. Folgen der Selbstausbeutung können chronische Erschöpfung, Schlafstörungen und Depressionen sein.

Überstunden und hoher Leistungsdruck führen auf Dauer fast zwangsläufig zu Unzufriedenheit und Stress, was sich wiederum in Krankheiten, schlechtere Produktivität und Entfremdung vom Unternehmen umwandelt. 2019 zeigte der Fehlzeiten-Report des Wissenschaftlichen Instituts der AOK (WIdO), dass Heimarbeiter stärkeren Belastungen ausgesetzt sind als die Kollegen im Büro (siehe unten). So klagten viele bereits lange vor ihrem Homeoffice-Marathon durch die Pandemie über Erschöpfung, Konzentrationsprobleme und Schlafstörungen, andere über Lustlosigkeit und Selbstzweifel. Mehr als ein Drittel der Heimarbeiter hatte Schwierigkeiten, nach Feierabend abzuschalten (38,3 Prozent), bei den Inhouse-Beschäftigten dagegen nur ein Viertel (24,9 Prozent). Während nur 13,5 Prozent der Beschäftigten, die ausschließlich im Betrieb arbeiten, im Urlaub manchmal an Probleme bei der Arbeit dachten, galt das immerhin für ein Viertel der Heimarbeiter (24,5 Prozent).

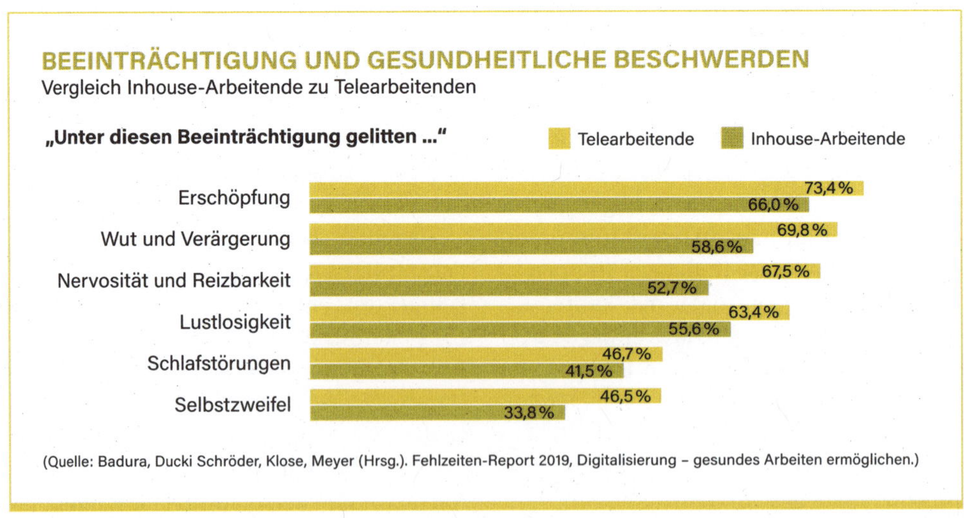

(Quelle: Badura, Ducki Schröder, Klose, Meyer (Hrsg.). Fehlzeiten-Report 2019, Digitalisierung – gesundes Arbeiten ermöglichen.)

Checkliste

So stärken Sie Ihre Resilienz

Resilienz ist die Fähigkeit, auch in Stressphasen handlungsfähig zu bleiben. Sie lässt sich trainieren wie ein Muskel. Die US-Entwicklungspsychologin Emmy Werner fand bereits 1950 in einem Langzeitprojekt heraus, dass sieben Faktoren das „Immunsystem der Seele" ausmachen.

- ☐ **Optimismus:** Nehmen Sie eine positive Grundhaltung ein und konzentrieren Sie sich auf Möglichkeiten, Chancen und positive Aspekte.
- ☐ **Akzeptanz:** Akzeptieren Sie schwierige Situationen als Herausforderung und versuchen Sie, sich nicht in eine Opferrolle zu begeben.
- ☐ **Positives Denken:** Versuchen Sie, negativen Gedanken positive entgegenzusetzen, um nicht in Hilf- und Hoffnungslosigkeit zu verharren. Überlegen Sie sich täglich, wofür Sie dankbar sind oder rufen Sie sich am Abend die drei schönsten Momente des Tages ins Gedächtnis.
- ☐ **Netzwerkorientierung:** Pflegen Sie Ihre sozialen Kontakte sowohl privat als auch beruflich, damit Sie auch in schwierigen Phasen darauf bauen können. Treten Sie anderen empathisch und hilfsbereit gegenüber.
- ☐ **Eigenverantwortung:** Gehen Sie achtsam mit den eigenen Ressourcen um. Akzeptieren Sie Ihre Leistungsgrenzen. Geben Sie nicht grundsätzlich anderen die Schuld für Misserfolge, sondern übernehmen Sie selbst die Verantwortung.
- ☐ **Selbstwirksamkeit:** Überlegen Sie sich, was andere an Ihnen schätzen, und machen Sie sich Ihre Stärken bewusst. Setzen Sie diese ein und trainieren Sie sie. So gewinnen Sie Vertrauen in sich und spüren, dass Sie etwas bewegen können.
- ☐ **Zukunftsorientierung:** Setzen Sie sich privat und beruflich realistische Ziele und überlegen Sie sich Möglichkeiten, diese zu erreichen. Formulieren Sie Ziele als „SMART"-Ziele (siehe S. 36 f.) und verschriftlichen Sie sie. Damit Sie sich nicht unter übermäßigen Druck setzen, begrenzen Sie die Anzahl der Ziele auf drei oder vier pro Woche.

30
SEKUNDEN FAKTEN

73,7 %
der Beschäftigten arbeiten außerhalb des Betriebes konzentrierter.

67,3 %
können außerhalb der Firma mehr Arbeit bewältigen.

62,6 %
fällt es dort aber schwerer, Feierabend zu machen.

38,3 %
haben Probleme, abends von der Arbeit abzuschalten.

32 %
fällt es schwerer, bei der Telearbeit Pausen zu machen.

(Quelle: AOK/WIdO, Fehlzeiten-Report 2019)

Soll Homeoffice dauerhaft zu einem wichtigen Faktor in der digitalen Arbeitswelt werden, heißt es für Arbeitgeber, Instrumente zu finden, um Mitarbeiter zu unterstützen – und für Beschäftigte, die Herausforderungen zu kennen und sich aktiv um ihre seelische Gesundheit zu kümmern. Ein wichtiger Faktor in diesem Zusammenhang ist die seelische Widerstandskraft – die viel beschworene Resilienz. Wer sowohl Arbeit als auch Privatleben als sinnvoll empfindet, entwickelt Freude, Motivation und die Kraft, auch in schwierigen Zeiten mental gesund zu bleiben. Fragen Sie sich deshalb, was Ihre Arbeit sinnvoll macht. Versuchen Sie, bedeutsame Momente zu erkennen und bewusst zu erleben. Wer es schafft, eine positive Haltung zu dem einzunehmen, was er täglich tut, stärkt seine seelische Widerstandsfähigkeit.

Tagesablauf strukturieren

Gestalten Sie Ihren Arbeitstag zu Hause möglichst ähnlich wie den im Büro: Stehen Sie zur gleichen Uhrzeit auf. Frühstücken Sie vor dem Arbeiten, duschen Sie und ziehen Sie sich etwas Vorzeigbares an – auch wenn Sie gerade keine Videokonferenz haben. Ist es Zeit für die Mittagspause, wechseln Sie den Ort. Bleiben Sie nicht im Arbeitszimmer sitzen und essen Sie nicht dort. Nach Ihrer Rückkehr an PC oder Laptop werden Sie sehr viel produktiver sein.

Genau wie in der Firma ist es auch im Homeoffice sinnvoll, feste Arbeitszeiten

Schneller Überblick

Atemübungen können stressbedingte **Anspannungen lösen** und die Kontrolle von Angst, Ärger, Wut und anderen stressrelevanten Gefühlen verbessern. Sie lassen sich mit **minimalem Aufwand** in den Alltag im Homeoffice einbauen.

einzuhalten. Fangen Sie zur gewohnten Zeit an, machen Sie mehrere möglichst „bewegte" Pausen und beenden Sie Ihren Arbeitstag zu einer festgelegten Zeit. Fahren Sie den Rechner herunter und räumen Sie Ihre Unterlagen zusammen. Nutzen Sie Rituale, um den Feierabend einzuleiten. Packen Sie zum Beispiel den Laptop in eine Schublade oder ziehen Sie sich um. Auch ein laut ausgesprochenes „Schluss für heute!" kann eine gesunde Routine sein. Bleiben Sie standhaft, Körper und Geist brauchen eine Pause, damit Sie auch am nächsten Morgen wieder fit sind für einen neuen Arbeitstag.

Aktiv entspannen

Um neben der physischen auch ihre mentale Gesundheit zu fördern, setzen einer Studie der Plattform LinkedIn zufolge viele Deutsche auf Bewegungs- und Entspannungsübungen. Über ein Drittel der Befragten bevorzugt dafür Sportarten wie Yoga, Pilates und Krafttraining. Knapp 30 Prozent mögen es lieber etwas ruhiger und nutzen Entspannungsübungen.

Atemübungen

Wie wir atmen, hat Auswirkungen auf unsere körperliche Leistung, aber auch auf unser Nervensystem und Stresslevel. Nicht ohne Grund spielt bewusstes Atmen auch eine wichtige Rolle bei Yoga und Pilates sowie beim Meditieren (siehe S. 106).

Die gute Nachricht: Die Atmung lässt sich trainieren wie ein Muskel. Stehen wir unter Stress, wird sie schneller und flacher. Sportmediziner empfehlen als Gegenmaß-

Schneller Überblick

Beim **Autogenen Training** (siehe unten) wird die Kraft der eigenen Gedanken dazu genutzt, um mehr **Ruhe und Gelassenheit** zu erlangen. Die Methode kann stressbedingte Belastungsfaktoren und psychosomatische Beschwerden reduzieren, aber auch Nervosität und Schlafstörungen lindern. Dieses **sanfte Entspannungsverfahren** findet auch Anwendung, wenn Menschen unter chronischen Schmerzen oder Bluthochdruck leiden. Autogenes Training ist leicht erlernbar.

Checkliste

Autogenes Training – Grundstufe

Die folgenden Übungen lassen sich gegen Schlafstörungen und innere Unruhe einsetzen. Sie bestehen aus Standardübungen und Ruheformel.

- ☐ **„Schwere-Übung":** „Meine Arme sind schwer."
- ☐ **„Wärme-Übung":** „Meine Arme sind warm."
- ☐ **„Atem-Übung":** „Mein Atem fließt ruhig und gleichmäßig."
- ☐ **„Herz-Übung":** „Mein Herz schlägt ruhig und regelmäßig."
- ☐ **„Sonnengeflecht-Übung":** „Mein Sonnengeflecht ist weich und warm." (Mit Sonnengeflecht ist ein Nervengeflecht auf der Rückseite des Magens gemeint.)
- ☐ **„Stirnkühle-Übung":** „Meine Stirn ist angenehm kühl."

Jede Übung wird bis zu sechsmal wiederholt und jeweils durch die Ruheformel ergänzt: „Ich bin vollkommen ruhig und gelassen." Ruheformel sowie Schwere- und Wärmeübung zusammen ergeben die Kurzform des Autogenen Trainings. Um die Übungen der Grundstufe zu beenden („Rücknahme"), sind folgende Schritte erforderlich:

- ☐ Machen Sie Ihre Arme ganz fest.
- ☐ Räkeln und strecken Sie sich.
- ☐ Atmen Sie tief ein und wieder aus.
- ☐ Öffnen Sie Ihre Augen.

Die Übungen sollten täglich mehrfach wiederholt werden. Bei längerer, selbstständiger Anwendung lässt sich bereits mit zehn Minuten pro Tag ein positiver Effekt erzielen.

---

nahme „Box Breathing": Atmen Sie durch die Nase tief ein und spüren Sie, wie sich Ihr Brustkorb mit Luft füllt. Halten Sie die Luft an und zählen Sie bis vier. Dann lassen Sie die Luft durch Mund und Nase langsam entweichen. Zählen Sie erneut bis vier und wiederholen Sie dann den gesamten Vorgang. Eine bewährte Übung für den Schreibtisch: Lehnen Sie sich im Sitzen entspannt zurück. Schließen Sie die Augen und konzentrieren Sie sich auf Ihre Atmung. Atmen Sie tief durch die Nase ein und durch den Mund aus. Versuchen Sie, mit jeder Ausatmung noch tiefer zu entspannen und noch mehr loszulassen. Führen Sie die Übung so lange aus, bis die Atmung ganz ruhig ist. Zum Abschluss der Übung strecken und recken Sie sich und öffnen Sie langsam die Augen.

Autogenes Training

Autogenes Training ist ein auf Autosuggestion und Selbsthypnose basierendes Entspannungsverfahren, das aus einer Grund- und einer Oberstufe besteht. Nach dem Erlernen der Technik unter Anleitung (zum Beispiel in einem Audio-Kurs oder Video-Tutorial aus dem Internet) ist das Ziel, sich ohne äußere Unterstützung selbstbestimmt entspannen zu können. Anwender versetzen sich dabei mithilfe „autosuggestiver Leitformeln" vom Wachzustand in einen hypnotischen Bewusstseinszustand. Am Schluss wird die Entspannung wieder zurückgenommen.

Die Übungen des Autogenen Trainings lassen sich sowohl im Liegen, als auch im Sitzen oder im Stehen praktizieren, jeweils mit geschlossenen Augen. Am besten wird Autogenes Training in einem geräuscharmen, abgedunkelten Raum durchgeführt. Wer die Übungen am Schreibtisch durchführt, neigt seinen Oberkörper leicht nach vorn und lässt die Ellenbogen auf den Oberschenkeln ruhen. Am Anfang sollten Sie sich insgesamt 30 Minuten Zeit nehmen. Später kann der Entspannungseffekt auch schneller erzielt werden.

Schneller Überblick

Progressive Muskelentspannung hilft, muskuläre Verspannungen zu lösen und den **eigenen Körper besser wahrzunehmen**. Sie wirkt beruhigend auf Herz und Kreislauf, hilft gegen Schlafstörungen und lässt Menschen in Stresssituationen **ausgeglichener und ruhiger** werden. Selbst chronische Schmerzen lassen sich lindern. Unter tk.de, Suchbegriff „PME", lassen sich Audio-Anleitungen (Kurz- und Langversion, mit und ohne Musik) kostenlos streamen.

Progressive Muskelentspannung (PME)

Die Grundidee der Progressiven Muskelentspannung besteht darin, durch bewusstes Anspannen, Lockern und Nachspüren einzelner Muskelgruppen deren Durchblutung zu fördern. Der Körper registriert das als angenehme Entspannung. Die Grundidee geht auf den US-Physiologen Edmund Jacobson und dessen Buch „You Must Relax" (1934) zurück. Die Methode kann gegen Kopfschmerzen, Schlafstörungen und Ängste helfen. Vor allem dient sie der inneren Ruhe und Tiefenentspannung, die sich positiv auf das Wohlbefinden auswirken.

Die tiefste Entspannung lässt sich im Liegen erzielen. Legen Sie sich dazu auf den

Checkliste

Progressive Muskelentspannung – Basics

Mit den folgenden Schritten können Sie Ihre Muskelspannung weit unter das normale Level senken und einen tiefen Entspannungseffekt erzielen.

- ☐ Stimmen Sie sich ein, indem Sie eine angenehme Position einnehmen, die Augen schließen und eine kleine „Ankommübung" durchführen, zum Beispiel eine Minute lang Ihre Atemzüge zählen.
- ☐ Konzentrieren Sie sich als erstes auf Ihre rechte Hand und den rechten Unterarm.
- ☐ Ballen Sie die rechte Hand zur Faust und spannen Sie den rechten Unterarm an.
- ☐ Halten Sie die Spannung fünf bis zehn Sekunden und atmen Sie normal weiter.
- ☐ Lösen Sie die Spannung.
- ☐ Lenken Sie Ihre Aufmerksamkeit für ca. 30 Sekunden auf die jeweilige Muskelpartie und spüren Sie den Unterschied zwischen Anspannung und Entspannung.
- ☐ Spannen und entspannen Sie nach diesem Muster die weiteren Muskelgruppen. Deren Reihenfolge finden Sie im Text rechts, Hinweise zur Ausführung zum Beispiel unter ruecken-zentrum.de/blog, Suchbegriff „Muskelentspannung".
- ☐ Lassen Sie sich am Ende der Übungen einen Moment Zeit, um die Entspannung zu genießen. Gehen Sie in Gedanken noch einmal den ganzen Körper durch („Körperscan").
- ☐ Zur Rücknahme bewegen Sie Ihre Finger, dann die Schultern und Arme, atmen Sie tief ein und strecken und räkeln Sie sich.

Rücken, die Arme neben dem Körper, Handflächen nach oben, die Beine liegen ausgestreckt nebeneinander, die Füße zeigen nach außen. Wer möchte, kann sich ein Kissen in den Nacken oder in die Kniekehlen legen. Die PME lässt sich jedoch auch im Sitzen ausführen. Achten Sie dann darauf, dass Ihre Füße bequem stehen, die Beine locker sind, dass Sie sich gut anlehnen, für Ihren Kopf eine angenehme Lage finden sowie

Hände und Unterarme entspannt auf der Lehne oder im Schoß liegen haben. Die für die PME relevanten 16 Muskelgruppen spannen und entspannen Sie dabei in einer festgelegten Reihenfolge:

- rechte Hand und rechter Unterarm
- rechter Oberarm
- linke Hand und linker Unterarm
- linker Oberarm
- Stirn
- Augenpartie und Nase
- Unterkiefer, Lippen und Zunge
- Hals und Nacken
- Schultern
- Brustkorb
- Bauch und unterer Rücken
- Gesäß
- rechter Oberschenkel
- rechter Unterschenkel
- linker Oberschenkel
- linker Unterschenkel

Yoga

Studien belegen: Yoga entspannt nicht nur, sondern kann auch Krankheiten lindern oder sogar verhindern. Das gilt insbesondere für drei Bereiche mit vielen Millionen Betroffenen: Bei Depressionen, bei Schmerzen verschiedenster Ursachen sowie zur Vorbeugung gegen und zur Therapie von Herz-Kreislauf-Erkrankungen.

Gegen Stress helfen vor allem die ruhenden Körperstellungen („Asanas"). Außerdem wird während des Trainings der Parasympathikus angeregt. Das ist der Teil des Gehirns, der für die Entspannung zuständig ist. Auf diese Weise lässt sich die Ausschüttung des Stresshormons Cortisol hemmen – wir entspannen und helfen unserem Körper zu regenerieren. Nicht zuletzt sorgt Yoga auch dafür, dass wir bewusster atmen.

Wichtig ist eine gute Anleitung, denn Yoga ist nicht so sanft wie sein Ruf. Manche Übungen dehnen oder verrenken den Körper enorm – Verletzungen drohen. Nur wer achtsam trainiert, kann Leib und Seele Gutes tun. Haltungsfehler zu korrigieren schaffen weder Bücher noch Internet-Tutorials. Neulinge besuchen deshalb am besten einen Kurs oder nehmen Einzelunterricht.

Tipp: Überlegen Sie, welcher Yoga-Stil zu Ihnen passen könnte (siehe dazu test.de, Suchbegriff „Yoga") und machen Sie ein Probetraining. Sagen Ihnen die Übungen zu? Korrigiert die Lehrende individuell? Fragen Sie ruhig nach Qualifikation und Ausbildungslevel. Der Berufsverband der Yogalehrenden in Deutschland (BDY) bildet beispielsweise umfangreich aus. Achten Sie auch bei Kursen im Fitnessstudio auf Qualität.

Karin Matko, Wissenschaftlerin am Institut für Psychologie der Technischen Universität Chemnitz und ausgebildete Yogalehrerin, empfiehlt Yoga auch fürs Homeoffice. Es eigne sich gut, um bei der Arbeit zu Hause das körperliche und seelische Gleichgewicht zu stärken. Matko hat dafür die aus ihrer Sicht neun effektivsten Yogaübungen zusammengestellt, die sich gut in den Homeoffice-Alltag einbauen lassen:

DIE 5 BESTEN TIPPS FÜR EINE STABILE PSYCHE

1 Routinen schaffen
Essen Sie regelmäßig, halten Sie eine Morgenroutine ein, gehen Sie zur gleichen Zeit zu Bett.

2 Bewegen
Sportarten wie Joggen, Radfahren oder Tennis halten fit und können Angsterkrankungen und Depressionen vorbeugen.

3 Maßvoll trinken
Alkohol macht den Schlaf weniger erholsam, was psychische Probleme verschlimmern kann. Zudem besteht die Gefahr, eine Sucht zu entwickeln.

4 Kontakte halten
Treffen Sie Verwandte, Freunde und Kollegen. Ist der direkte Kontakt schwierig, nutzen Sie Videotelefonate und Social Media.

5 Hilfe suchen
Wenn Sie das Gefühl haben, es allein nicht zu schaffen, organisieren Sie sich Unterstützung. Das ist auch über Online-Formate möglich.

- **Tiefe Atmung:** Mit tiefen Atemzügen im Sitzen oder Stehen füllen Sie Ihre Energiereserven auf und fühlen sich dadurch wieder frisch und munter. Als zusätzlichen Impuls können Sie ihre Arme kreisförmig im Rhythmus der Atmung nach oben (einatmen) und unten (ausatmen) bewegen.
- **Kriegerin/Krieger:** Machen Sie einen Ausfallschritt und beugen Sie das vordere Bein. Lassen Sie das Becken nach unten sinken. Ihre Arme halten Sie ausgestreckt und parallel zum Boden, der Blick geht nach vorn. Atmen Sie tief ein und aus. Diese Übung gibt Kraft und Zuversicht, stärkt und dehnt die Beine. Wiederholen Sie die Übung auf der anderen Seite.
- **Tänzer/Tänzerin:** Diese Übung schult das Gleichgewicht und soll auch das Immunsystem stärken. Stellen Sie sich gerade hin und verlagern Sie das Gewicht auf das linke Bein. Winkeln Sie das rechte Bein an und fassen Sie mit der rechten Hand Ihren rechten Fuß. Strecken Sie nun den linken Arm gerade nach oben und beugen Sie Ihren Körper ein wenig nach vorn. Ziehen Sie den Fuß etwas nach hinten, gehen Sie so in eine leichte Rückbeuge und dehnen Sie Ihren Oberkörper auf. Blicken Sie nach vorn und fokussieren Sie sich. Halten Sie die Übung für einige tiefe Atemzüge und wechseln Sie dann die Seite.

In Balance
Bereits 15 Minuten Yoga helfen gegen Stress, verbessern die Atmung und fördern Entspannung und Regeneration.

- **Adlerarme:** Bringen Sie im Sitzen oder Stehen vor der Brust den rechten über den linken Arm, sodass sich die Handflächen im Idealfall berühren. Ziehen Sie die Schultern sanft nach unten und die Ellenbogen etwas nach vorn. Schließen Sie die Augen und atmen Sie in den Bereich zwischen den Schulterblättern. Wiederholen Sie die Übung, indem Sie nun den linken über den rechten Arm bringen.
- **Meridiandehnung:** Ihre Füße sind im Stehen parallel und hüftbreit aufgestellt. Verschränken Sie Ihre Hände hinter Ihrem Rücken. Ihre Arme sind gestreckt und können etwas vom Körper weggezogen werden. Achten Sie darauf, nicht im Hohlkreuz zu stehen und kippen Sie Ihr Becken sanft nach vorn. Atmen Sie tief ein und aus. Optional: Beugen Sie sich gerade nach vorn, die Arme nehmen Sie mit und ziehen Sie nach oben. Halten und langsam auflösen.
- **Seitbeuge:** Stellen Sie sich hin, Füße hüftbreit, und bringen Sie Ihre Hände vor der Brust zusammen. Strecken Sie dann beide Arme gerade nach oben. Atmen Sie tief ein. Beim Ausatmen beugen Sie sich sanft nach links, jedoch ohne den Oberkörper einzudrehen. Mit der Einatmung kommen Sie wieder in die Mitte und mit der nächsten Ausatmung beugen Sie sich nach rechts.
- **Passiver Fisch:** Setzen Sie sich auf einem Stuhl mit möglichst niedriger Lehne aufrecht hin und beugen Sie sich nach hinten über die Stuhllehne! Sie

Schneller Überblick

Yoga eignet sich gut, um im Homeoffice etwas für das **körperliche und seelische Gleichgewicht** zu tun. Bereits **15 Minuten am Tag** haben auf Dauer einen positiven Effekt. Anfänger sollten einen Kurs besuchen, in dem Haltungsfehler korrigiert werden. Fortgeschrittene finden zahlreiche **Online-Angebote**.

sollten sich bequem ablegen können. Lassen Sie Arme und Kopf locker nach unten hängen. Sie können nun auch Ihre Beine ausstrecken und einfach entspannen. Atmen Sie tief ein und aus und schaffen Sie Platz in Ihrem Brustkorb.

- **Drehsitz:** Setzen Sie sich aufrecht hin und verankern Sie Ihre Füße auf dem Boden. Atmen Sie tief ein und heben Sie Ihren linken Arm. Beim Ausatmen drehen Sie sich nach hinten und platzieren Ihren Arm auf dem Stuhl oder der Stuhllehne. Die rechte Hand können Sie auf Ihren linken Oberschenkel legen. Ihr Oberkörper ist nun nach hinten gedreht, aber immer noch aufrecht. Diese Drehung entlastet Ihre Bandscheiben und macht Ihren Rücken geschmeidig. Halten Sie die Position und wiederholen Sie sie dann auf der anderen Seite, indem Sie jetzt den rechten Arm heben.
- **Gesäßdehnung:** Bleiben Sie aufrecht sitzen und legen Sie Ihren linken Fuß auf ihren rechten Oberschenkel. Das linke Knie fällt dabei locker nach außen. Vielleicht verspüren Sie jetzt schon eine Dehnung in der linken Gesäßhälfte. Um diese Dehnung zu verstärken, beugen Sie sich mit geradem Rücken nach vorn über Ihre Beine. Nehmen Sie einige tiefe Atemzüge in Ihren Bauch und lösen Sie dann auf. Auf der anderen Seite wiederholen.

Meditation

Besonders gut lassen sich Körper und Seele ins Lot bringen, wenn man Yoga- durch Meditationsübungen ergänzt. Beim Meditieren verankert man seine Aufmerksamkeit in einer Sache – einem Bild oder Wort, einer Empfindung oder seinem Atem. Gedanken, die aufkommen, lässt man vorbeifließen, ohne sie festzuhalten. So gewinnt man Distanz zu ihnen.

Anfänger sollten Meditationsübungen unter fachkundiger Anleitung erlernen, zum Beispiel in einem Kurs im Yoga-Studio oder im Internet. Regelmäßiges, am besten tägliches Üben ist unerlässlich, um die gewünschten Wirkungen wie Stressreduktion oder schnelleres Einschlafen zu erzielen. Es ist besser, wenige Übungen bewusst auszuführen als mehrere Übungen hastig hintereinander zu absolvieren.

Karin Matko von der TU Chemnitz empfiehlt fürs Homeoffice folgende Übungen;

Mentales Training
Meditation macht den Kopf frei, bringt Energie zurück und eignet sich hervorragend als Ergänzung zu Yogaübungen. Alles, was man dafür braucht, sind etwas Zeit und ein ruhiger Ort.

- **Sitz-Meditation:** Setzen Sie sich aufrecht hin, schließen Sie die Augen und spüren Sie Ihren Atem. Anschließend beginnen Sie beim Ausatmen leise zu summen, ganz ruhig und gleichmäßig im Rhythmus Ihrer Atmung. Summen Sie so für einige Minuten. Danach lassen Sie das Summen ausklingen und bleiben noch eine Weile ruhig sitzen.
- **Geh-Meditation:** Bei der Geh-Meditation beginnen Sie im Stehen. Am besten geht es barfuß. Richten Sie sich auf und spüren Sie, wie Sie stehen. Nehmen Sie bewusst Ihre Füße und den Kontakt zum Boden wahr. Heben Sie nun langsam Ihren linken Fuß und schieben Sie ihn nach vorn. Rollen Sie ihn dann wieder auf dem Boden ab und verlagern Sie Ihr Gewicht auf die linke Seite. Heben und bewegen Sie nun den rechten Fuß in derselben achtsamen Art. Laufen Sie auf diese Weise mindestens fünf Minuten in Zeitlupe durch den Raum und nehmen Sie jede Bewegung wahr.

Schneller Überblick

Meditieren schult das Bewusstsein durch **Konzentration auf eine Sache,** etwa den eigenen Atem. Es hilft, geistig und körperlich zu entspannen und **Stress abzubauen**. Anfänger sollten unter fachkundiger Anleitung meditieren lernen.

Haushalt und Einkaufen

Im Homeoffice seinen Aufgaben nachgehen und nebenbei den Haushalt schmeißen? Klingt verlockend, doch Achtung, zwischen Waschmaschine und Herd lauern viele Zeitfresser.

Die meisten Beschäftigten können es im Homeoffice etwas lockerer angehen lassen. Wer sich seine Arbeitszeit flexibel einteilen kann, nimmt sich schnell hier zehn Minuten fürs Wäscheaufhängen, dort eine halbe Stunde für den Badputz und nutzt gern auch die Pausen, um im Haushalt klar Schiff zu machen. Doch aufpassen: Übertreibt man es mit der Hausarbeit, verliert der Arbeitstag derart an Struktur, dass er sich bis in den Abend hineinzieht. Deshalb ist es besser, Hausarbeit und Job grundsätzlich zu trennen.

Wer außerdem noch Zeit für Privates und Hobbys haben will, braucht ein cleveres Aufgabenmanagement. Dazu gehört im Wesentlichen die Entscheidung, welche Tätigkeiten wirklich dringend sind. Diese lassen sich in Häppchen aufteilen und vor dem Frühstück oder in der Mittagspause erledigen. Auch das Thema Essenkochen bekommen Sie zeitsparend in den Griff, wenn Sie ein paar schnelle Rezepte draufhaben und kreativ mit Fertigprodukten umgehen können.

Die Arbeitsteilung im Haushalt kann sehr unterschiedlich aussehen. In klassischen Familien mit Kindern übernimmt nach wie vor meist die Frau die Hausarbeit. Reparaturen und finanzielle Angelegenheiten erledigen Studien zufolge eher Männer.

Wer seinen Partner davon überzeugen will, mehr im Haushalt zu tun, listet am besten alle Arbeiten auf und gewichtet sie nach Zeitaufwand, Mühe und Häufigkeit. Dann konfrontiert man ihn in einem geeigneten Moment (zum Beispiel am Beginn des Wochenendes) damit und sagt, wie viel Hilfe man konkret benötigt und bei welchen Tätigkeiten. Danach heißt es: Aufgaben neu verteilen, hartnäckig verhandeln und sich bei unbeliebten Arbeiten abwechseln.

Tipp: Verschriftlichen Sie die neue Aufgabenverteilung und akzeptieren sie, dass jeder das Bad auf eine andere Art und Weise putzt, die Spülmaschine anders einräumt etc. Was zählt ist das Ergebnis – weniger Arbeit für Sie selbst.

In Haushalten ohne Kinder – beispielsweise bei kinderlosen Paaren oder in Wohngemeinschaften – ist die Verteilung der Hausarbeit eine Frage der Fairness untereinander aber auch des Verhandlungsgeschicks aller Beteiligten. Hervorragende Dienste leistet in jedem Fall der gute alte Putzplan, der sich ruhig auch auf Hausar-

Checkliste

Zeit sparen, Stress vermeiden

Überzogene Ansprüche an sich selbst führen zu Aktionismus, Unzufriedenheit und schlechten Ergebnissen. Planen Sie deshalb Ihre Aufgaben realistisch.

- ☐ Machen Sie sich vom Gedanken frei, während Ihrer Arbeitszeit den Haushalt erledigen zu müssen.
- ☐ Lassen Sie statt dessen Waschmaschine, Trockner, Geschirrspüler oder Saugroboter laufen, während Sie arbeiten.
- ☐ Nutzen Sie Pausen für kleinere Tätigkeiten wie Wäscheaufhängen oder Geschirrspülen.
- ☐ Verteilen Sie größere Arbeiten wie Fußbodenreinigen, Fensterputzen, Wäschewaschen, Bügeln und Einkaufen auf mehrere Personen.
- ☐ Setzen Sie Prioritäten, was die Dringlichkeit von Arbeiten betrifft.
- ☐ Widmen Sie sich einer Tätigkeit am Stück und verzetteln Sie sich nicht.
- ☐ Bündeln Sie Tätigkeiten, die sich am selben Arbeitsplatz (zum Beispiel Küche) verrichten lassen.
- ☐ Fühlen Sie sich nicht verantwortlich für Aufgaben, die andere übernommen haben.

beiten wie Wäschewaschen und Geschirrspülen erstrecken darf.

Putzen und Spülen

Immer von oben nach unten. Diese Putzregel kennt fast jeder. Also erst Lampen, Türen, Regale und Oberflächen mit einem leicht feuchten Tuch abwischen, dann die Böden saugen und wischen. So vermeiden Sie, dass der Staub neu aufgewirbelt wird.

Regel Nummer zwei: Zimmerweise vorgehen! Haben Sie Wohnbereich und Schlafzimmer öfter geputzt, wissen Sie, wie lange Sie dafür brauchen und können entscheiden, ob Sie pro Tag ein oder mehrere Zimmer schaffen.

Regel Nummer drei: Legen Sie sich vor Beginn der Arbeit alle Utensilien bereit: Staubsauger, Eimer mit Bodenwischer sowie Lappen, Schwämme und die benötigten Reinigungsmittel.

Regel Nummer vier: Erst aufräumen, dann putzen! Auf diese Weise vermeiden Sie, dass Sie ständig Dinge von A nach B

Schneller Überblick

Halten Sie Ihre Arbeitszeit frei von Hausarbeit. Lassen Sie statt dessen Waschmaschine, Trockner und Geschirrspüler laufen. In **Pausen** können Sie den Geschirrspüler ein-/ausräumen, Wäsche aufhängen/abnehmen oder Oberflächen reinigen.

räumen müssen, weil diese im Weg stehen. Das spart Zeit und Nerven. Regel Nummer fünf: Harte Böden wie Fliesen und Parkett reinigen Sie erst trocken, danach feucht. Als erstes säubern Sie die Ränder des Raumes, dann gehen Sie rückwärts in Richtung Tür und wischen in einer Achterbewegung.

Beim Geschirrspülen lautet das oberste Gebot: Was für die Spülmaschine geeignet ist, sollte auch hinein! Wasser- und Energieverbrauch sowie Zeitaufwand halten sich so in Grenzen. Alles andere sammeln Sie, nachdem Sie Speisereste entfernt haben, neben dem Spülbecken und spülen es einmal am Tag per Hand. Auf einem Gestell trocknen lassen, mit einem trockenen Tuch kurz nachreiben und danach zurück in den Schrank räumen. Das häufige Spülen kleinerer Geschirr- und Besteckmengen kostet nicht nur Wasser und Energie, sondern auch jede Menge Zeit.

Waschen und Bügeln

Erstens: Lasten Sie Ihre Waschmaschine möglichst optimal aus. Das spart nicht nur Wasser, Strom und Emissionen, sondern auch Zeit beim Sortieren, Einfüllen und Aufhängen. Das schaffen Sie, indem Sie Ihre schmutzige Wäsche in einem Behälter sammeln und anschließend sortieren – in Weißes, Buntes und Feines (zum Beispiel Wolle und Seide). Zweitens: Machen Sie sich mit der Gebrauchsanleitung Ihrer Maschine vertraut. Darin steht nicht nur die maximale Beladung der Trommel für jedes Programm, sondern auch, wie Sie „Spezialauf-

Putzen im Alleingang. Roboter, die die Basisreinigung selbstständig erledigen, stehen in vielen Haushalten ganz oben auf der Wunschliste. Unsere Tests von Saug- und Saug-Wisch-Robotern zeigen jedoch: Gute Arbeit liefern nur wenige ab – Vergleichen lohnt sich. Im Prüflabor untersuchten wir zum Beispiel, wie gut die Roboter reinigen, navigieren und wie lange ihr Akku reicht, maßen Geräuschentwicklung sowie Stromverbrauch. Ergebnisse und Kauftipps unter test.de/saugroboter.

träge" erledigen, zum Beispiel Oberhemden oder Daunenkissen waschen oder die Outdoorjacke imprägnieren. Darüber hinaus bekommen Sie auch Turnschuhe, Stofftiere und Plastikspielzeug wie Lego-Bausteine in der Maschine sauber. Ganz wichtig: Die richtige Schleuderdrehzahl schützt vor verknitterter Wäsche und erspart Mehraufwand beim Bügeln. Anders gesagt: Wer seine Maschine kennt und richtig einsetzt, hat beim Trocknen und Bügeln weniger Arbeit. Apropos Bügeln – auch hier lassen sich jede Menge Zeit und Mühe sparen:

- Bügeln sie nur Kleidungsstücke, die Sie sichtbar tragen.
- Nehmen Sie die Wäsche nach dem Waschen sofort aus der Maschine und hängen Sie sie auf.
- Schlagen Sie größere Stücke vor dem Aufhängen kräftig aus, ziehen Sie sie gerade und streifen Sie die Säume aus.
- Hängen sie Hemden und Blusen zum Trocknen auf breite Bügel, um Falten zu vermeiden.
- Kurzes Antrocknen im Wäschetrockner spart eine Menge Bügelarbeit.
- Bügeln Sie empfindliche Kleidungsstücke, solange sie noch feucht sind, oder legen Sie ein feuchtes Tuch auf das Textil. Dann verschwinden Falten auch bei niedriger Bügeltemperatur.

Aufräumen und Ordnung halten

Wer zu Hause keinen separaten Arbeitsplatz hat, sitzt am Esstisch in Wohnzimmer oder

30 SEKUNDEN FAKTEN

In einer Umfrage gaben viele Befragte an, das Homeoffice sei ideal, um vernachlässigte Bereiche zu putzen – meist Flächen wie Lichtschalter und Türklinken, die sonst übersehen werden.

66 %

der Deutschen putzen ihr Zuhause, um sich wohlzufühlen.

54 %

der Befragten nehmen flexibles Arbeiten zum Anlass, ihre Wohnung häufiger und gründlicher zu reinigen.

40 %

der Frauen putzen täglich. Dagegen bevorzugt die Hälfte der Männer das Reinigen auf mehrere Tage in der Woche verteilt.

(Quelle: Leifheit, Februar 2021)

Schneller Überblick

Das **Waschen, Trocknen und Bügeln der Wäsche** lässt sich in den meisten Haushalten optimieren. Nutzen Sie dazu Ihre Waschmaschine optimal aus, lassen Sie sie während der Arbeitszeit laufen und nehmen Sie die Wäsche möglichst bald nach Programmende aus der Trommel. Durch cleveres Aufhängen und Trocknen sorgen Sie für ein **Minimum an Bügelaufwand**. Arbeiten wie Wäschefalten lassen sich gut schrittweise erledigen und eignen sich für Arbeitspausen.

Küche. An diesem wird mittags gegessen, und viele Kinder machen hier auch Hausaufgaben. Entsprechend sieht es auf dem Tisch aus. Tatsache ist: Je mehr Menschen zur selben Zeit die Wohnung nutzen, desto mehr Sachen sind gleichzeitig in Gebrauch– und desto wichtiger ist es, dass alle ihre Sachen wieder aufräumen.

Dazu muss es jedoch erst einmal einen geeigneten Platz geben. Diesen bei Decken und Kissen sowie Tellern und Töpfen zu finden, ist meist kein Problem – was die Optik ruiniert, ist der Kleinkram. Bestimmen Sie deshalb einen Platz für Stifte, Notizzettel, Flaschenöffner & Co. und sorgen Sie dafür, dass sie auch an diesem aufbewahrt werden.

Tipp: Verstauen Sie Dinge dort, wo Sie sie in der Regel benutzen, also Zeitschriften auf der Ablage des Couchtisches, Stifte in der Schublade des Schreibtisches und DVDs im TV-Schränkchen. So vermeiden Sie unnötige Wege. Auf oft benutzte Sachen wie Schlüssel, Ladegeräte und Fernbedienungen sollten Sie schnell zugreifen können.

Auch Arbeitsutensilien – also Laptop, Netzkabel, Maus und Mauspad plus Papierkram – gehören aufgeräumt. Eventuell hat der Esstisch eine ungenutzte Schublade? Falls nicht, kann ein fester Platz im Bücherregal gute Dienste leisten. Wer zwischen Büro und Homeoffice pendelt, nutzt die Laptop-Tasche oder den Rucksack.

Einkaufen

Im Homeoffice zählt zwischen Job, Kinderbetreuung und Essenkochen oft jede Minute. Dann ist es gut, beim Einkaufen möglichst effizient vorzugehen. Die gewonnene Zeit lässt sich anderweitig nutzen – zum Beispiel für eine echte Shoppingtour. Hier die besten Tipps:

- **Wocheneinkauf:** Ein wöchentlicher Großeinkauf ist effizienter als kleinere Spontankäufe. Grundnahrungs-, Putz- und Körperpflegemittel lassen sich auf Vorrat einkaufen, für frische Lebensmittel wie Obst, Gemüse oder Fleisch reichen in der Regel pro Woche ein, zwei weitere Kurzeinkäufe aus. Das Stöbern im Delikatessengeschäft oder den Gang über den Wochenmarkt kann man zele-

Vielfalt genießen
Experten raten zu einer pflanzenbasierten Kost mit Obst, Gemüse, Hülsenfrüchten und Nüssen – ergänzt um Milchprodukte, Fisch und Fleisch.

brieren, wenn man mehr Zeit hat, zum Beispiel am Wochenende.

- **Speiseplan:** Der erste Schritt eines vorausschauenden Einkaufs besteht im Entwickeln eines Speiseplans. Dieser sollte sich nach den Vorlieben der Esser, der Saison sowie den vorhandenen Vorräten richten (siehe auch S. 116).
- **Einkaufszettel:** Wer nichts vergessen will, schreibt einen Einkaufszettel oder verwendet statt dessen eine App fürs Smartphone wie Bring!, Listonic oder Überliste (jeweils für Android und iOS erhältlich), die sich teilweise per Sprache steuern und mit deren Hilfe sich Einkaufslisten mit Freunden und Familienmitgliedern teilen lassen. Clevere Zeitgenossen strukturieren ihre Einkaufsliste anschließend nach dem Aufbau des Supermarktes oder Bioladens. Wer die Liste auf seinem Smartphone hat, kann auf dem Display per Fingertipp einzelne Posten abhaken.
- **Angebot:** Steuern Sie möglichst wenige Läden mit möglichst großem Sortiment an, zum Beispiel einen Discounter und einen Super- oder Biomarkt. Wer zudem in Geschäften einkauft, in denen er sich auskennt, vermeidet langes Suchen und überflüssige Wege. Idealerweise bündeln Sie Besorgungsfahrten, fahren also nach dem Lebensmitteleinkauf noch zum Geldautomaten, in die Apotheke oder zum Baumarkt.

Schneller Überblick

Halten Sie im Alltag eine **Grundordnung** und räumen Sie Dinge nach Benutzung wieder an den Ort, an den sie gehören. Das funktioniert nur, wenn alle Haushaltsmitglieder mitmachen. Auf dem **Schreibtisch** sollten Sie ebenfalls regelmäßig putzen und für Ordnung sorgen. Wer am Küchen- oder Esstisch arbeitet, tut das jeden Tag nach Feierabend.

Ernährung und Genuss

Keine Kantine, kein Imbissstand, kein Restaurant. Zu Hause essen wir oft das, was da ist und satt macht. Doch es geht auch gesund und lecker. Was es braucht, ist etwas Vorbereitung.

Ob Kekse oder Gummibärchen, Schokoriegel oder Chips – viele greifen zwischendurch gern zu „Nervennahrung". Das Homeoffice ist der ideale Ort,um ungestört zu snacken und zu naschen. Mittags eine Pizza aus der Mikrowelle – schon landen weitere überflüssige Kalorien in der Bilanz. Mit etwas Planung und ein paar Tricks essen Sie auch zu Hause gesund und lecker – und dürfen sich auch mal etwas gönnen.

Selbst ist der Koch

Oberstes Gebot: Bringen Sie selbst Gekochtes auf den Tisch und bereiten Sie auch Snacks selbst zu. So bestimmen Sie Zutaten, Menge und Geschmack und können persönliche Ziele besser in den Blick nehmen, zum Beispiel etwas Gewicht zu verlieren, ein paar Wochen vegan zu essen oder den Darm in Schwung zu bringen.

Tipp: Wer beim Essen abgelenkt wird, isst mehr! Forscher der brasilianischen „Federal University of Lavras" wiesen 2019 nach, dass Menschen rund 15 Prozent mehr Kalorien aufnehmen, wenn sie beim Essen auf ihr Smartphone schauen. Deshalb: Egal, ob Sie allein oder mit anderen essen – machen Sie den Tisch zur handyfreien Zone!

Wochenplan aufstellen

Der erste Schritt: Planen Sie einmal in der Woche – vor dem großen Einkauf – das Essen für die nächste Woche. Überlegen Sie sich, an welchen Tagen Sie im Homeoffice sind, ob Sie mittags allein oder abends mit der Familie etwas Warmes essen wollen.

Schreiben Sie dann eine Speisekarte – entweder auf Papier oder digital. Lassen Sie sich von Ihren Lieblingsgerichten und denen Ihrer Haushaltsmitglieder inspirieren. Denken Sie dabei ruhig in Kategorien wie Suppe, Eintopf, Auflauf, Salat, Pfannengericht oder Süßspeise.

Übertragen Sie alle Zutaten, die frisch gekauft, sowie Vorräte, die ergänzt werden müssen, in die Einkaufsliste. Denken Sie unbedingt auch an Snacks, die nicht schwer im Magen liegen. Dazu gehören neben Gemüsesticks (zum Beispiel aus Möhre, Sellerie oder Kohlrabi) und Obst (frisch oder getrocknet) auch Nüsse und Mandeln, Edamame (unreife Sojabohnen aus dem Asialaden) sowie selbst gemachte Müsli-Muffins oder Müsli-Riegel ohne zugesetzten Kristallzucker. Ein besonderer Tipp für heiße Tage sind tiefgefrorene Weintrauben sowie Erd- und Himbeeren!

→ Ausgewogene Ernährung

Die Deutsche Gesellschaft für Ernährung e. V. (DGE) empfiehlt fünf Portionen Obst und Gemüse pro Tag und gibt Tipps zur Auswahl weiterer Lebensmittel. So sollen Erwachsene maximal 600 Gramm Fleisch und Wurst pro Woche essen, Fisch darf zweimal pro Woche auf den Tisch. Die DGE warnt obendrein vor „versteckten Fetten", die unbemerkt in Gebäck, Wurst und anderen Fertigprodukten vorkommen können.

Reste verwerten

Wer am Wochenende frisch kocht, sollte einen Wochentag einplanen, an dem die Reste auf den Tisch kommen. Damit es trotzdem allen schmeckt, peppen Sie diese zu einem Salat, einem Auflauf oder einer Suppe auf und geben dem Ganzen einen verführerischen Namen wie „Happy Bowl" oder „Bunt und gesund". Egal, ob Möhrensuppe mit Räucherfisch, Reissalat mit Mandarine und Tofuwürfeln oder überbackener Blumenkohl mit Kartoffelecken – lassen Sie Ihrer Kreativität freien Lauf. Sorgen Sie dafür, dass viel Gemüse auf den Tellern landet, rund 300 Gramm pro Person dürfen es ruhig sein. Statt frischen Erbsen, Möhren oder Brokkoli können Sie auch Tiefkühlware verwenden und sich so die Zeit für das Waschen, Putzen und Zerkleinern sparen. Tiefkühlgemüse müssen Sie zudem nicht einmal auftauen, sondern können Sie gefroren in kochendes Wasser geben. Extra-Tipp: Verwenden Sie übrig gebliebene Zutaten in mehreren Gerichten. So lassen sich aus gekochten Pellkartoffeln sowohl klassische Bratkartoffeln als auch – mit etwas Olivenöl, Salz und Pfeffer vermischt – Kartoffelecken aus dem Ofen zubereiten. Mit Gemüse und Feta angereichert ergibt das eine vollwertige Mahlzeit! Das Gleiche lässt sich mit Hülsenfrüchten wie Kichererbsen oder roten Linsen umsetzen: Einfach von vornherein die doppelte Menge kochen und eine Hälfte als Grundlage für eine Suppe, die andere als pflanzlichen Proteinkick für einen Salat verwenden.

→ Damit nichts anbrennt ...

Zum Aufwärmen von Essensresten auf dem Herd geben Sie diese einzeln in Töpfe oder Pfannen, gießen etwas Flüssigkeit an (zum Beispiel Wasser, Brühe oder Milch) und schalten benutzte Kochstellen für zwei Minuten auf die höchste, danach auf mittlere Stufe. Wer sich dann statt zu warten wieder an den Schreibtisch setzt, sollte auf keinen Fall vergessen, eine Eieruhr oder den Timer seines Smartphones auf höchstens fünf Minuten zu stellen. Dann die Speisen kräftig umrühren und eventuell weitere Flüssigkeit zugeben. Nach ca. zehn Minuten sollte das Essen heiß sein.

Essen vorkochen

Sich an Werktagen aus dem eigenen Vorrat bedienen zu können, spart jede Menge Zeit und gibt einem ein gutes Gefühl. Eine besonders ausgefeilte Methode ist das bewusste Produzieren von „Überschüssen".

In den sozialen Netzwerken ist „#mealprepsunday" ein Renner. Tatsächlich nutzen immer mehr Menschen das Wochenende, um für die Woche vorzukochen. Simples Prinzip: Man verdoppelt oder verdreifacht die Zutaten und zweigt den „Überhang" ab. Ob Suppe, Eintopf, Soße oder Schmorgericht, ob Grießbrei oder Pudding: „Reste" sind bei Bedarf schnell aufgewärmt oder werden zu neuen Gerichten verarbeitet. Viele Speisen lassen sich auch portionsweise einfrieren und nach Bedarf auftauen.

Praktisch ist außerdem, Speisen einzumachen. Beim Haltbarmachen/Konservieren wird Verderbliches davor geschützt, durch Mikroorganismen zerstört zu werden. Das klappt beispielsweise durch den Einsatz natürlicher Konservierungsmittel wie Alkohol, Salz und Zucker – oder durch den Vorgang des Einkochens und Sterilisierens.

Und so funktioniert Einkochen Schritt für Schritt:

1. **Zubereiten:** Bereiten Sie das Obst, Gemüse oder Fleisch vor beziehungsweise laut Rezept zu.
2. **Sterilisieren:** Spülen Sie Weckgläser oder Gläser mit Schraubverschluss („Twist-Off-Gläser") mit kochend heißem Wasser aus und lassen Sie sie kopfüber auf dem Spülgestell abtropfen.
3. **Einfüllen:** Füllen Sie die Zutaten in die Gläser. Halten Sie die Ränder perfekt sauber, indem Sie einen Einmachtrichter verwenden.
4. **Verschließen:** Schließen Sie die Gläser mit Gummiringen und Deckeln, erhitzen Sie sie im Wasserbad bei 75 bis 100° C. Die Deckel werden angesaugt, weil sich in den Gläsern Unterdruck bildet. Das Eingeweckte wird also luftdicht verschlossen.
5. **Abkühlen:** Lassen Sie die Gläser oder Boxen langsam abkühlen.
6. **Kontrollieren:** Prüfen Sie nach dem Abkühlen, ob alle Gläser fest verschlossen sind und stellen Sie sie dann in den Kühlschrank oder das Küchenregal.
7. **Aufwärmen:** Erhitzen Sie jede Speise vor dem Verzehr gründlich.

Wichtig: Wölbt sich der Deckel, hat sich Schimmel gebildet oder riecht der Inhalt unangenehm – entsorgen Sie ihn.

Fertiggerichte aufpeppen

Eine Option für den Notfall sind Fertiggerichte. Leider sind sie meistens alles andere als gesund, weil sie neben Zucker auch jede Menge Konservierungsstoffe und Geschmacksverstärker enthalten. Geschmack und Energiebilanz profitieren, wenn man die Fertiggerichte aufpeppt. Am einfachsten geht das, indem man ein paar frische Zutaten wie Obst oder Gemüse, Kräuter und Gewürze dazugibt. Besonders gut „pimpen“ lassen sich unter anderem folgende Fertigprodukte:

- **Tortellini, Gnocchi oder Schupfnudeln:** Kochen oder braten Sie diese nach Packungsanleitung. Servieren Sie dazu eine bunte Gemüsepfanne aus schnell garenden Sorten wie Zwiebeln, Tomaten, Paprika, Erbsen oder Bohnen.
- **Pizza:** Zaubern Sie einen frischen grünen Salat dazu – schon ist die Fertigpizza nicht mehr ganz so ungesund. Oder: Pizza Margherita aus der Tiefkühltruhe mit Salami, Schinken, Mais, Pilzen, Thunfisch, Ananas und/oder Extra-Käse aufbrezeln.
- **Fertiger Pizza- oder Blätterteig:** Einfach ausrollen und belegen, zum Beispiel mit gehackten Tomaten, Thunfisch und Käse aus dem Vorrat. Auch lecker: Blätterteigtaschen, gefüllt mit Spinat und Schafskäse oder gedünstetem Lauch und Räucherlachs.
- **Asia-Instant-Suppe:** Tütensuppen aus Ramen-Nudelblock und Brühwürfel machen kaum satt. Das kann sich schnell ändern: eine Möhre raspeln, eine halbe Paprika würfeln und eine Frühlingszwiebel in Röllchen schneiden. Frühlingszwiebel in Öl mit einem Stück fein gewürfeltem Ingwer und einer gehackten Knoblauchzehe anschwitzen. Alles zur heißen Suppe dazugeben – fertig! Wer es edel mag, gibt ein halbiertes weich gekochtes Ei sowie ein paar Stücke Pak Choi oder Sojasprossen dazu.
- **Tütensuppe:** Herkömmliche Tütensuppen lassen sich mit Tiefkühlgemüse aufpeppen. Einfach zugeben und mitkochen. Das verleiht der Suppe einen ganz eigenen Geschmack.

Schnell kochen

Wer keine Vorbereitungen getroffen hat und trotzdem etwas Selbstgekochtes fabrizieren will, braucht Rezepte, die sich schnell und einfach umsetzen lassen. Dazu gehören One-Pot-Pasta in allen Variationen, bunte Gemüsesalate mit einem Topping (zum Beispiel Ziegenkäse, gebratenen Tofuwürfeln oder Hähnchenbruststreifen) sowie Aufläufe aller Art. Auch Couscous und Bulgur sind ideal für Tempo-Köche, denn sie sind in zehn Minuten gekocht und lassen sich dann als Beilage oder in Salaten verwenden.

Tipp: Aufs Backblech können Sie fast alles packen – ob Fleisch, Fisch oder Gemüse, ob mit Kräutern verfeinert oder mit Käse überbacken. Vorher vermischen Sie die Zutaten immer mit etwas Öl (außer den Käse). Unterscheiden sich die Garzeiten stark (zum Beispiel bei Möhren und Fischfilet) geben Sie die Zutaten nacheinander aufs Blech. Hat der Backofen eine Umluftfunktion, können Sie zwei Bleche gleichzeitig verwenden. Den Ofen heizen Sie ausnahmsweise vor (Ober-/Unterhitze 200° C, Umluft 180° C). Während Ihr Gericht ca. 30 Minuten gart, nutzen Sie die Zeit für einige Anrufe oder

Checkliste

Must-haves für den Vorrat

Ein gut gefüllter Vorratsschrank macht vieles leichter. Wer folgende Lebensmittel immer im Haus hat, kann daraus spontan Nudelsoßen, Suppen, Salate und Aufläufe zubereiten.

Grundnahrungsmittel

- ☐ Nudeln und Reis
- ☐ Couscous, Bulgur und Quinoa
- ☐ Hülsenfrüchte wie Linsen und Bohnen
- ☐ Kartoffeln
- ☐ Mehl und Zucker

Dose, Glas, TK & Co.

- ☐ Pizzatomaten oder stückige Tomaten
- ☐ Pesto
- ☐ Kokosmilch
- ☐ Thunfisch
- ☐ Olivenöl

Obst und Gemüse

- ☐ Zwiebeln und Knoblauch
- ☐ Tiefkühlgemüse
- ☐ Tiefkühlbeerenmischung

Milchprodukte und Eier

- ☐ Eier
- ☐ Naturjoghurt
- ☐ Milch
- ☐ Butter
- ☐ Parmesan

---

machen derweil schon einmal klar Schiff in der Küche.

Übrigens: Um auch etwas Leckeres improvisieren zu können, wenn die Geschäfte schon geschlossen haben, ist es hilfreich, einige Zutaten stets im Haus zu haben (siehe oben). Idealerweise kauft man bei Bedarf zusätzlich etwas Frisches wie Hackfleisch, Gemüse oder Käse ein – das sorgt für zusätzliche Optionen.

Zeit lässt sich sparen, indem man Rezepte mit einer überschaubaren Anzahl an Zutaten wählt, die zudem möglichst wenig Vorbereitungen erfordern. Beispiel: Statt Kartoffeln vorzukochen und dann zu schneiden, hobeln Sie sie roh in dünne Scheiben. So verkürzt sich die Garzeit. Das funktioniert natürlich auch mit Gemüse, das Sie in kleinere Stücke schneiden oder sogar raspeln.

Ausreichend trinken

Wer im Homeoffice fit bleiben will, muss ausreichend trinken – nicht nur Kaffee. Insgesamt anderthalb bis zwei Liter sollten es auf jeden Fall sein.

Stellen Sie sich deshalb morgens einen großen Krug Wasser auf den Tisch. Wem das zu langweilig schmeckt, aromatisiert das Wasser mit Zitronen- oder Limettenspalten, Gurkenscheiben oder ein paar Beeren aus dem Tiefkühlfach. Dazu passen perfekt ein paar Blätter frische Minze. Für Abwechslung im Glas sorgen auch Schorlen aus einem Drittel Fruchtsaft und zwei Dritteln Wasser, ungesüßte Früchte- und Kräutertees sowie selbst gemachter Eistee. Dafür schwarzen Tee kochen, abkühlen lassen und mit etwas Apfelsaft mischen. Vorsicht mit Softdrinks und unverdünnten Fruchtsäften – diese enthalten aufgrund ihres hohen (Frucht-)Zuckeranteils jede Menge Kalorien.

Tipp: Wer das Trinken gern vergisst, stellt sich stündlich einen Timer ein, der an die Flüssigkeitszufuhr erinnert.

Schneller Überblick

Versuchen Sie, im Homeoffice auf **selbst gekochtes Essen** zu setzen und auch **Snacks aus Eigenproduktion** zu verwenden. Damit die Zeit reicht, kochen Sie am Wochenende vor oder suchen sich konsequent schnelle Rezepte heraus. Ab und zu darf auch ein Fertiggericht auf den Tisch – idealerweise mit ein paar gesunden Extras verfeinert.

Ideen und Inspiration. Im Buch „Sehr schnell kochen" (216 Seiten, 15 Euro) finden Sie homeoffice-taugliche Rezepte, die einfach und schnell gehen und klasse schmecken – von Matjestartar mit grünen Bohnen über orientalischen Kichererbsensalat und Saltimbocca mit glasiertem Gemüse bis zu Heilbutt auf Currylinsen. Die Rezepte sind sortiert in Kapitel für 10, 15, 20 und 30 Minuten. Bestellungen unter test.de/shop.

Zeit für Familie, Freunde und Hobbys

Wer jeden Tag im Job ackert, braucht Phasen der Regeneration. In diesen gilt es, Kontakte und Hobbys zu pflegen oder sich einfach mal auszuruhen – und so ein Gegengewicht herzustellen.

Nur wer seine Arbeitskraft immer wieder regeneriert, kann auf Dauer Höchstleistungen bringen. Ein paar Stunden Nachtschlaf reichen dafür nicht aus – ein echter Ausgleich ist gefragt. Wie dieser aussieht, ist individuell verschieden. Für die einen gibt es nichts Schöneres als Zeit mit ihrer Familie zu verbringen – für andere muss es ein ausgefallenes Hobby sein. Wichtig ist in beiden Fällen, dass man auf andere Gedanken kommt, neue Eindrücke sammelt und das Gefühl hat, dass das Leben aus mehr besteht als aus Arbeit.

All das wirkt sich positiv auf den Job aus – indem man am nächsten Tag oder nach einer längeren Auszeit mit Motivation und Kreativität wieder frisch ans Werk gehen kann. Darüber hinaus ist ein ausreichendes Maß an Freizeit die beste Vorbeugung gegen jobbedingte Probleme mit der Gesundheit wie Ängste, Kopfschmerzen, Herz-Kreislauf-Probleme und Konzentrationsstörungen.

Das Arbeiten im Homeoffice bietet insbesondere Arbeitnehmern die Möglichkeit zu mehr Freizeit und Regeneration, da die Zeit für den Arbeitsweg wegfällt, sie produktiver sind und sich ihre Zeit flexibler einteilen können. Das setzt allerdings voraus, dass sie die gewonnene Zeit tatsächlich für ihr Privat- oder Familienleben nutzen – und nicht in die „Immer-im-Dienst"-Falle laufen.

Wichtig: Eine gute Work-Life-Balance ist nicht zwingend ein Halbe-halbe zwischen Job und Privatleben – die ideale Aufteilung ist eine Entscheidung, die jeder selbst trifft. Wer im Beruf vorankommen will, steckt für eine gewisse Zeit im Privatleben zurück. Andere Menschen legen den Schwerpunkt auf Familie, Hobbys oder Ehrenamt und streben dafür keine berufliche Karriere an.

Eine solche Priorisierung hat gravierenden Einfluss auf die Aufgabenverteilung innerhalb von Familien und sollte deshalb eingehend besprochen werden. Präferenzen können sich zudem ändern und gehören deshalb regelmäßig auf den Prüfstand!

Familie und Partnerschaft

Die Familie ist für viele Menschen die wichtigste Stütze eines glücklichen Lebens. Für viele Arbeitnehmer definiert sich der Feierabend durch die gemeinsam mit Partner und Kindern verbrachte Zeit. Verlaufen diese Stunden harmonisch, sind sie Quelle neuer Kraft und Motivation – gibt es häufig Streit, fehlt die benötigte Erholung.

Im schlimmsten Fall kommt es zu einem Teufelskreis aus Arbeit und „Arbeit nach der Arbeit", der die Work-Life-Balance durcheinanderwerfen kann. Nicht wenige Arbeitnehmer machen absichtlich Überstunden, um Hektik und Streit aus dem Weg zu gehen. Ein weiterer Risikofaktor sind berufliche Sorgen – etwa Konflikte mit Kollegen oder Angst um den Arbeitsplatz – die das Privatleben über längere Zeiträume belasten , einer Regeneration im Weg stehen und sogar zum Auslöser für Krankheiten werden können.

Familie und Job unter einen Hut zu bekommen ist für viele Menschen ein täglicher Balanceakt. Vor allem sind es die Mütter, die vor der Herausforderung stehen, Höchstleistungen im Job zu bringen und sich „nebenbei" um die Erziehung und Betreuung von Kindern zu kümmern. Hier bietet das Arbeiten im Homeoffice grundsätzlich die Chance, berufliche und private Anforderungen in Einklang zu bringen. Voraussetzung dafür sind jedoch familienfreundliche Arbeitsbedingungen, vor allem eine flexible Arbeitszeitregelung. Instrumente wie Gleitzeit und Arbeitszeitkonten bringen sowohl der Firma Vorteile als auch Beschäftigten, die dadurch ihre Arbeitszeit flexibel an die eigenen Bedürfnisse anpassen können.

Freundschaften

Vielen Arbeitnehmern fällt es schwer, neben dem Beruf Freundschaften zu pflegen. Dass Treffen mit Freunden schwieriger werden, hat vielerlei Gründe. Zum einen sind viele Arbeitnehmer nach der Arbeit zu erschöpft für soziale Aktivitäten. Zum anderen führt ein Vollzeitjob häufig zu Terminproblemen, vor allem wenn man Familie hat.

Um zwischen Arbeit und familiären Verpflichtungen einen Ausgleich zu finden, braucht es Flexibilität und Organisationsaufwand. Dabei sollten auch die eigenen Bedürfnisse nicht zu kurz kommen.

Aktiv gegensteuern. Liegt gerade nichts anderes an, arbeitet man gern noch ein Stündchen weiter – und sitzt dann doch den halben Feierabend am Rechner. Um nicht in diese Falle zu tappen, ist es sinnvoll, möglichst konkrete Verabredungen zu treffen – auch innerhalb der Familie. Tragen Sie sich „Joggen mit der Partnerin" oder „Backen mit den Kindern" als Termine in den Kalender ein – und halten Sie sich daran!

Außerdem tendieren viele Arbeitnehmer dazu, ihre Kollegen zu sozialen Ankerpunkten zu machen. Das kann zu einem angenehmeren Arbeitsumfeld führen, allerdings werden solche Freundschaften oft durch den Job definiert.

Privates Glück, das die Work-Life-Balance ins Gleichgewicht bringt, entsteht häufig durch langjährige Freundschaften abseits des Berufs. Vor allem solche Freundschaften tragen entscheidend dazu bei, dass sich Menschen nicht nur über ihre Arbeit definieren und ermöglichen einen Zugang zur Welt außerhalb des Arbeitsplatzes. Darin liegt ein wesentlicher Teil des Konzepts der Work-Life-Balance begründet.

Hobbys und Interessen

Viele Arbeitnehmer wollen Hobbys und Interessen pflegen. Vor allem Jobs in Führungspositionen erschweren das erheblich. Auch unflexible Arbeitszeiten können das Singen im Chor oder Tennisspielen unmöglich machen. Ebenso raubt ein belastender Job vielen die Kraft, nach Feierabend aktiv zu werden. Hier steht die Selbstverwirklichung auf dem Spiel – das Privatleben weicht dem Arbeitsalltag. Folge: Man fühlt sich bald wie im „Hamsterrad".

Nicht nur flexiblere Arbeitszeiten ermöglichen die Pflege von Hobbys – Mitarbeiter können sich auch über den Betrieb mit Gleichgesinnten vernetzen und zu gemeinsamen Aktivitäten verabreden. Betriebsinterne soziale Netzwerke sind beliebte Plattformen für den Austausch. Hobbys und Interessen mit Kollegen zu teilen hat gleich zwei entscheidende Vorteile: Erstens haben Kollegen oft denselben Rhythmus von Arbeit und Freizeit, wodurch seltener Terminkollisionen entstehen. Zweitens verstärken gemeinsame Aktivitäten das soziale Gefüge am Arbeitsplatz.

Sport und Bewegung

Das Thema Bewegung greift in alle Lebensbereiche ein und ist deshalb für die Work-Life-Balance zentral (siehe S. 90). Wer berufstätig ist, sollte in seiner Freizeit gezielt für einen Ausgleich sorgen, indem er oder sie sich regelmäßig körperlich betätigt. Vor allem Menschen, die ihre Arbeitszeit zu einem großen Teil sitzend verbringen, sollten mehrmals pro Woche Sport treiben – für jeweils mindestens eine halbe Stunde.

Dass Bewegung die Fitness verbessert, wissen die meisten Menschen inzwischen. Weniger bekannt ist die Tatsache, dass körperliche Aktivitäten, insbesondere regelmäßiges Sporttreiben, auch für die geistige Gesundheit eine wesentliche Rolle spielen.

Idealerweise bleibt das Thema Bewegung nicht auf den Freizeitbereich begrenzt: Auch während der Arbeit lassen sich gezielt Aktivitätsphasen einbauen – sei es die kurze Dehnübung am Schreibtisch oder der ausgedehnte Spaziergang in der Mittagspause. Experten raten dazu, für jede sitzend verbrachte Stunde mindestens fünf Minuten auf den Beinen zu sein.

Auszeit
Sich regelmäßig Zeit für sich und seine Interessen zu nehmen, trägt zur psychischen Gesundheit bei.

Fazit: Nur wer sowohl in der Freizeit als auch während der Arbeit auf seine Lebensweise achtet, geht verantwortungsbewusst mit der eigenen Gesundheit um. Dazu gehört übrigens auch, nicht zu arbeiten, wenn man angeschlagen oder sogar krank ist. Das ist nicht immer einfach – hilfreich sind eine entsprechende Unternehmenskultur und die Unterstützung durch Vorgesetzte.

Entspannung und Selbstreflexion

Dieser Faktor ist stark abhängig davon, was jeder Einzelne unter Entspannung versteht und wie viel er davon braucht. Manche Menschen haben nach ihrem subjektiven Empfinden ein gesundes Berufs- und Privatleben und kommen dennoch nie zur Ruhe. Ihre Tage folgen dem immer gleichen Muster: morgens zur Arbeit, mittags essen mit Kollegen, nach Feierabend zur Familie, Zeit mit Partner und/oder Kindern verbringen, etwas Sport treiben, am späten Abend ins Bett gehen. Was auf den ersten Blick nach einem ausgewogenen Tagesablauf klingt, ist dennoch keine gute Work-Life-Balance. Was viele im Lauf der Zeit „verlernen“: sich bewusst Zeit für sich selbst zu nehmen.

Vor allem die Fähigkeit zur Selbstreflexion bleibt uns nur erhalten, wenn wir sie pflegen. Im Kern geht es darum, einen inneren Kompass zu finden, der einem den Weg durchs Leben weist – und regelmäßig nachzuschauen, ob die Nadel noch in die richtige Richtung zeigt. Dabei spielt ein ganzes Bündel an Fragen rund um Selbstverwirklichung, Sinnerfüllung und eigene Wünsche eine Rolle: Bin ich da, wo ich sein will? Was sind meine Träume und Ziele? Was habe ich schon erreicht? Wovor habe ich Angst? Was hilft mir, zufriedener zu werden?

Ihr Arbeitsplatz zu Hause

Längst nicht jeder Arbeitgeber richtet seinen Mitarbeitern ein Homeoffice ein. Viele müssen Möbel und Technik selbst kaufen. Auch mit begrenztem Budget lässt sich ein zweckmäßiger und ergonomischer Arbeitsplatz schaffen.

Laptop an und los geht's. Wenn Homeoffice nur so einfach wäre. Da ist zum einen die räumliche Situation, die eigentlich ungestörtes Arbeiten ermöglichen sollte – es aber oft nicht tut. Viele Beschäftigte, die in der Pandemie ins Homeoffice wechselten, schlagen sich noch immer mehr schlecht als recht durch. Das gilt besonders in großen Familien mit kleiner Wohnung. Nicht nur, dass ein separates Arbeitszimmer hier meist nicht drin ist – oft ist nicht einmal Platz für eine Arbeitsecke. So sitzen viele beim Arbeiten nach wie vor am Küchentisch oder auf dem Sofa.

Zweiter Punkt: die technische Ausstattung. Trotz inzwischen nahezu flächendeckender Netzabdeckung ist bei vielen Menschen die Internetverbindung zu langsam, das WLan wackelig oder der Rechner in die Jahre gekommen – von Virenscanner, Cloud Computing und geschützter Datenübertragung gar nicht zu reden. Kurzum: Viele Arbeitsplätze erfüllen weder die geltenden Anforderungen an ergonomisches Arbeiten, Gesundheits- und Datenschutz, noch fördern sie die Produktivität.

Zurücklehnen können sich in dieser Hinsicht Telearbeiter, denen die Firma zu Hause einen vollwertigen Arbeitsplatz einrichtet – inklusive Möbel, technischer Ausstattung und sicherer Datenverbindung.

Auch mobile Arbeit, die im juristischen Sinn keine Telearbeit darstellt, wird oft mit Technik vom Arbeitgeber verrichtet. Rechtlich gesehen „überlassen" die meisten Unternehmen ihren Mitarbeitern Notebook, Smartphone und Co. Da die Sachen Eigentum des Unternehmens bleiben, ist das sogar steuerfrei möglich.

→ Überlassung

Neben Laptop und Smartphone (inklusive Laufzeitvertrag) kann der Arbeitgeber Mitarbeitern auch Zubehör wie Monitor, Drucker oder ein Virusprogramm steuerfrei überlassen. Ob er diese selbst kauft oder dem Mitarbeiter den Kaufpreis erstattet, spielt dabei keine Rolle. Der Wert der Geräte gilt nicht als Arbeitslohn und erhöht nicht das zu versteuernde Einkommen des Mitarbeiters. Achtung: Das gilt nur so lange, wie die Arbeitsmittel Eigentum des Arbeitgebers bleiben. Auch eine private Mitnutzung von Computer und Smartphone durch den Beschäftigten kann laut § 3 Absatz 45 EStG zulässig sein. Schenkt dagegen das Unternehmen einem Mitarbeiter die Ausstattung fürs Homeoffice, sodass die Sachen in dessen Eigentum übergehen, muss dieser den Gesamtwert zusammen mit seinem Einkommen versteuern.

Anderen Arbeitnehmern stellt die Firma keine Hardware, sondern erstattet ihnen die Ausgaben für den Handyvertrag oder den Internetzugang – das ist ebenfalls steuerfrei, so lange die Verträge auf den Arbeitgeber laufen. Ein Einzelnachweis über die berufliche Nutzung ist nicht erforderlich. Es reicht, dass die Kosten „beruflich angefallen" sind, wovon das Finanzamt bei regelmäßiger beziehungsweise dauerhafter Tätigkeit im Homeoffice ausgeht.

Üblich sind schließlich auch Zuschüsse zu den Kosten privater Telefon- und Internetverträge von Beschäftigten oder pauschale „Bürokostenzuschüsse". Diese gelten jedoch als Arbeitslohn und sind folglich mit dem Einkommen zu versteuern. Im Gegenzug können Arbeitnehmer selbst getragene Kosten in ihrer Steuererklärung gegebenenfalls als Werbungskosten geltend machen (siehe S. 168).

Viele Menschen, vor allem Selbstständige und Freiberufler, bekommen bei Einrichtung und Ausstattung ihres Homeoffice keinerlei Zuschüsse. Sie sind komplett auf sich allein gestellt. Sie setzen die Kosten für Einrichtung und Ausstattung als Betriebsausgaben von der Steuer ab.

Darüber hinaus ist das Einrichten eines brauchbaren Heim-Arbeitsplatzes in den eigenen vier Wänden jedoch längst nicht nur eine Frage der Kosten. Wer produktiv arbeiten und gleichzeitig auf seine Gesundheit achten will, muss zunächst einen geeigneten Platz innerhalb der Wohnung finden, sollte bei der Auswahl der Büromöbel ergonomische Prinzipien beachten und muss sich rechtzeitig Gedanken über geeignete Hard- und Software machen.

Der perfekte Standort

Absolute Ruhe, viel Tageslicht, ausreichend Platz – in einem separaten Zimmer lässt es sich prima arbeiten. Wer keines hat, braucht pfiffige Ideen und Mut zur Lücke.

Als zu Beginn der Covid-Pandemie Millionen Beschäftigte ins Homeoffice wechselten, stellten viele von ihnen ihren Laptop da auf, wo gerade Platz war: am Küchentisch, im Schlafzimmer, auf dem Sofa. Sei es, dass der Schreibtisch durch den Partner besetzt war, die Kinder nebenbei betreut sein wollten oder das WLan woanders nicht stabil genug war. Entsprechend schwierig gestaltete sich das tägliche Arbeiten – von „ablenkungsfrei", „konzentriert" und „ergonomisch" konnte oft keine Rede sein.

Inzwischen hat sich die Situation etwas entspannt: Ein Großteil der Beschäftigten arbeitet – zumindest teilweise – wieder im Büro, die Kinder sind tagsüber in der Kita oder Schule. Zeit für eine Bestandsaufnahme. Ob und inwieweit das Thema Homeoffice auch künftig eine Rolle spielt und ob Handlungsbedarf in Sachen Standort besteht, lässt sich anhand folgender Fragen eruieren:

- Werde ich auch künftig regelmäßig oder sporadisch, ganze Tage oder stundenweise im Homeoffice arbeiten?
- War ich bislang an meinem Heimarbeitsplatz ausreichend konzentriert und produktiv?
- Liegen die Ursachen für Störungen und Ablenkungen in meiner Arbeitsumgebung oder in meiner Arbeitsweise?
- Kann ich diese Ursachen aus eigener Kraft abstellen?
- Habe ich die Möglichkeit, meinen Arbeitsplatz zu verlegen?
- Welcher Ort eignet sich dafür?

Besonders für die Beantwortung der letzten Frage ist es hilfreich zu wissen, wie ein solcher Standort beschaffen sein sollte. Je öfter Sie künftig im Homeoffice arbeiten werden, desto weniger Kompromisse sollten Sie in dieser Frage machen.

Räumliche Trennung

Wer zu Hause produktiv sein will, braucht einen Arbeitsplatz, der vor Störungen von außen schützt. In aller Regel bietet ein separates Zimmer die besten Voraussetzungen. Wer kein Arbeitszimmer hat, muss seine Zelte woanders aufschlagen – zum Beispiel im Wohnzimmer, in der Küche oder auch im Flur. In jedem Fall sollte Platz für eine Büroecke sein: einen Schreibtisch mit Stuhl sowie Stauraum in Form eines Rollcontainers und/oder Aktenschranks.

Je nachdem, wo im Zimmer man arbeitet und ob man mit dem Gesicht oder dem Rücken zur Tür sitzt, bietet es sich an, die Arbeitsecke mit einem Raumteiler optisch vom Rest des Zimmers zu trennen. Als Raumteiler kommen folgende Elemente in Betracht:

- **Paravent:** Der Vorteil einer mobilen Lösung besteht darin, dass sie sich ohne großen Aufwand auf- und wieder abbauen lässt, zum Beispiel im Wohnzimmer. Wird er gerade nicht benutzt, lässt sich ein Paravent zusammenklappen und platzsparend verstauen.
- **Vorhang:** Wer seinen Arbeitsplatz im Schlafzimmer einrichtet, sollte ihn beim Einschlafen nicht im Blickfeld haben. Dafür kann man ihn zum Beispiel hinter einem Vorhang verstecken.
- **Schiebetür:** Ebenso praktisch wie Vorhänge, nur etwas aufwendiger in Planung und Umsetzung sind raumhohe Schiebetüren.
- **Trennwand:** Durch den Einbau eines Wandvorsprungs, zum Beispiel aus Trockenbausegmenten, lässt sich eine Nische schaffen, in der der Arbeitsplatz aus dem Blickfeld verschwindet. Als transparentere Alternative eignen sich zum Beispiel ein oder mehrere Stellelemente aus horizontal verlaufenden Holzrippen.
- **Bücherregal:** Der Grad an optischer Durchlässigkeit lässt sich mit einem offenen Regal als Raumteiler variieren – je nachdem, ob es mit Büchern, Ordnern und Ablagekörben gefüllt ist oder lediglich einzelne, locker angeordnete Arbeitsmaterialien enthält.
- **Sideboard:** Ein eher niedriges Möbelstück als Raumteiler erhält den Raumeindruck, schafft zumindest jedoch eine optische Barriere. Derselbe Effekt lässt sich bereits mit einer etwas ausladenderen Zimmerpflanze erzielen.

→ Arbeitsbereich

Achten Sie von vornherein darauf, dass Sie genügend Platz zum Arbeiten haben. Experten empfehlen für den Arbeitsbereich eine Grundfläche von mindestens 8 bis 10 Quadratmetern. Die freie Bewegungsfläche am Arbeitsplatz sollte im Optimalfall 1,60 x 2 Meter (Breite x Tiefe) betragen, als absolutes Minimum gelten 0,8 x 0,8 Meter. Schließlich sollte sich der Arbeitsplatz nicht unter einer Dachschräge oder Treppe befinden. In einem hohen Raum lässt es sich besser denken und kreativ werden.

Benötigte Anschlüsse

Der Arbeitsplatz sollte über ausreichend viele Steckdosen verfügen. Falls nicht, kann eine Mehrfachsteckerleiste helfen, jedoch nur, so lange die angeschlossenen Geräte deren zugelassene Leistung (maximal 3500 Watt) nicht übersteigen. Vorsicht: Bei Über-

lastung wird die Steckerleiste heiß und kann sich im Extremfall sogar entzünden!
Tipp: Schließen Sie Notebook, Monitor und Drucker nicht an eine Steckerleiste an, an der bereits ein Heizlüfter, ein Toaster oder ein anderes leistungsstarkes Gerät hängt!

Idealerweise lässt sich der Rechner per Lan-Kabel mit dem Router verbinden. Ist das nicht möglich, kommt eventuell eine Verbindung über die Stromleitung in Frage. Dazu benötigt man ein Paar „PowerLAN-Adapter“ (ab ca. 80 Euro) und zwei Netzwerkkabel. So geht‘s: Mit dem einen Netzwerkkabel verbinden Sie Rechner und Adapter eins, mit dem anderen Router und Adapter zwei. Dann stecken Sie beide Adapter in jeweils eine Steckdose und warten, bis die Verbindung steht. Die Methode funktioniert auch zwischen verschiedenen Zimmern, ist allerdings nicht wesentlich schneller als WLan. Scheiden beide Varianten aus, bleibt die Verbindung per WLan.

Möglichst viel Tageslicht

Ein PC-Arbeitsplatz sollte so ausgerichtet sein, dass sich im Display keine Lichtquellen spiegeln. Genauso wenig sollen Heimarbeiter ins Gegenlicht schauen müssen. Wer den Schreibtisch frontal vors Fenster stellt, muss mit Konzentrationsschwächen und Kopfschmerzen beziehungsweise trockenen und tränenden Augen rechnen.

Auf Tageslicht sollte dennoch niemand verzichten. Natürliches Licht beeinflusst die Leistungsfähigkeit positiv, fördert die Konzentration und verbessert die Regeneration. Darüber hinaus wirkt es sich positiv auf Gesundheit und Wohlbefinden aus: Es synchronisiert die innere Uhr, verbessert die Schlafqualität und stärkt das Immunsystem. Auch Emotionen sind lichtabhängig: Tageslicht verbessert die Stimmung und beugt so Depressionen vor.

Der richtige Ort für den Schreibtisch ist quer zum Fenster, sodass das Tageslicht von rechts (Linkshänder) oder links (Rechtshänder) einfällt – und man eine Sichtverbindung nach draußen hat, um ab und zu beim Blick durchs Fenster die Augen auszuruhen.
Tipp: Ob Sie Tageslicht abbekommen oder nicht: Nutzen Sie Arbeitspausen, um an der frischen Luft Tageslicht zu tanken. Chrono-

---

Sonnenschutz. Spiegelt sich die Sonne im Display oder auf anderen Gegenständen, ist das für unsere Augen unangenehm und ermüdend. Abhilfe schaffen können dann eine Sonnenschutzfolie auf dem Fensterglas, eine Außen- oder Innenjalousie, Plissees sowie eine Markise oder ein Sonnensegel.

Schneller Überblick

Wer nicht über den Luxus eines **Arbeitszimmers** verfügt, sollte sich einen **Arbeitsbereich** in einem anderen Zimmer einrichten und diesen vom Rest des Raumes abtrennen. Nach Möglichkeit sollte von der Seite Tageslicht einfallen – was jedoch kein Ersatz für einen Spaziergang in der Mittagspause ist!

biologen empfehlen täglich mindestens eine halbe Stunde im Freien. Selbst bei bedecktem Himmel und nicht sichtbarer Sonne ist die Lichtstärke um ein Vielfaches höher als im Innenraum. Tageslicht hat im Sommer über 100 000 Lux. Selbst an Tagen mit bedecktem Himmel stehen meist mehr als 5 000 Lux zu Verfügung.

Wichtiger Nebeneffekt: Im Freien bilden wir Vitamin D, das unser Körper gerade in der dunklen Jahreszeit dringend braucht.

Für optimales Raumklima sorgen

Ein gutes Raumklima sollte man nicht unterschätzen – zumal man im Homeoffice viele Stunden am selben Ort verbringt. Ist es am Schreibtisch zu warm, werden wir müde und unkonzentriert. Die optimale Raumtemperatur liegt bei 20 bis 22° C. Auch ein erhöhter CO2-Anteil in der Raumluft wirkt sich negativ aus. Dagegen hilft regelmäßiges Stoßlüften – am besten öffnet man alle zwei bis drei Stunden zehn Minuten das Fenster. Noch effektiver sind „Querlüften" und „Vertikallüften", indem man Durchzug macht oder zum Beispiel im Erdgeschoss die Terrassentür und im Arbeitszimmer im Obergeschoss das Fenster öffnet.

Durch Schwitzen und Atmen tragen wir darüber hinaus dazu bei, dass die Luftfeuchtigkeit im Raum steigt. Feuchte und schwüle Luft empfinden wir schnell als drückend. Die relative Luftfeuchtigkeit in einem Raum sollte deshalb nicht höher als 40 bis 60 Prozent liegen. Sie lässt sich unkompliziert mit einem handelsüblichen Hygrometer kontrollieren.

Eine dauerhaft zu hohe Luftfeuchtigkeit kann langfristig zu Schimmelbefall in Wohnräumen führen. Auch bei zu hoher Luftfeuchtigkeit hilft konsequentes Lüften. Gesunde Menschen benötigen nicht gleich einen Luftentfeuchter – stattdessen können auch Materialien helfen, die Wasser absorbieren. So kann man beispielsweise Salz oder Katzenstreu in mehrere kleine Schüsseln füllen und diese in der Wohnung verteilen.

Auch zu trockene Luft ist nicht gut: Sie trocknet die Schleimhäute aus, die dadurch anfälliger für Bakterien und Viren werden. Die Folge ist oft eine höhere Anfälligkeit für Erkältungen. Trockener (Heizungs-)Luft, die vor allem im Winter auftritt, kann man entgegenwirken, indem man mit Wasser befüllte Schälchen auf die Heizung stellt.

Ergonomisch arbeiten im Homeoffice

Ein höhenverstellbarer Schreibtisch und ein Drehstuhl sind das Nonplusultra. Doch nur richtig eingestellt ermöglichen sie konzentriertes Arbeiten und fördern die Gesundheit.

Büroarbeit belastet vor allem den Rücken. Das ist deshalb so, weil sie mit Dauersitzen und Bewegungsmangel verbunden ist. Ein ergonomisch optimal gestalteter Arbeitsplatz kann die Belastung mindern. Um den Rücken gesund zu halten, sind jedoch auch dynamisches Sitzen und ausreichende Bewegungspausen (siehe S. 89 ff.) wichtig. Wer seinen Heim-Arbeitsplatz selbst gestaltet und ausstattet, sollte unbedingt ein paar Grundlagen der Ergonomie beachten. Das bedeutet vor allem, Tisch und Stuhl individuell einzustellen. Sind sie es nicht, können langfristig Haltungsschäden, Rücken- oder Kopfschmerzen die Folge sein. So eignen sich ein Küchenstuhl oder ein Sessel nicht für längeres Arbeiten – im Gegenteil: Sie lassen die Konzentration sinken und fördern eine schlechte Körperhaltung.

→ Ergonomie

Der Begriff leitet sich von den griechischen Wörtern „ergon" (dt. Arbeit, Werk) und „nomos" (dt. Gesetz, Regel) ab. Ergonomie beschreibt folglich die Gesetzmäßigkeiten menschlicher Arbeit. Ziel von Ergonomie am Arbeitsplatz ist es, optimale Bedingungen zu schaffen, um die körperliche Gesundheit zu erhalten.

Bürostuhl einstellen

Am besten eignet sich ein Stuhl, dessen Sitzfläche sich sowohl in der Höhe als auch in der Tiefe verstellen und zudem variabel neigen lässt. Die Sitzhöhe sollte so gewählt sein, dass beide Füße vollen Bodenkontakt haben und Ober- und Unterschenkel ungefähr einen 90-Grad-Winkel bilden. Die Sitztiefe ist dann optimal, wenn der Abstand zwischen Kniekehle und Vorderkante des Stuhls ca. drei Finger bis eine Handbreit beträgt.

Die Armlehnen sollten so eingestellt sein, dass die Unterarme im 90-Grad-Winkel aufliegen und die Hände bequem die Tastatur erreichen. Diese Haltung ermöglicht ein entspanntes Arbeiten und entlastet den Nacken. Darüber hinaus sollten sich Neigungswinkel und Widerstand der Rückenlehne einstellen lassen, sodass ein

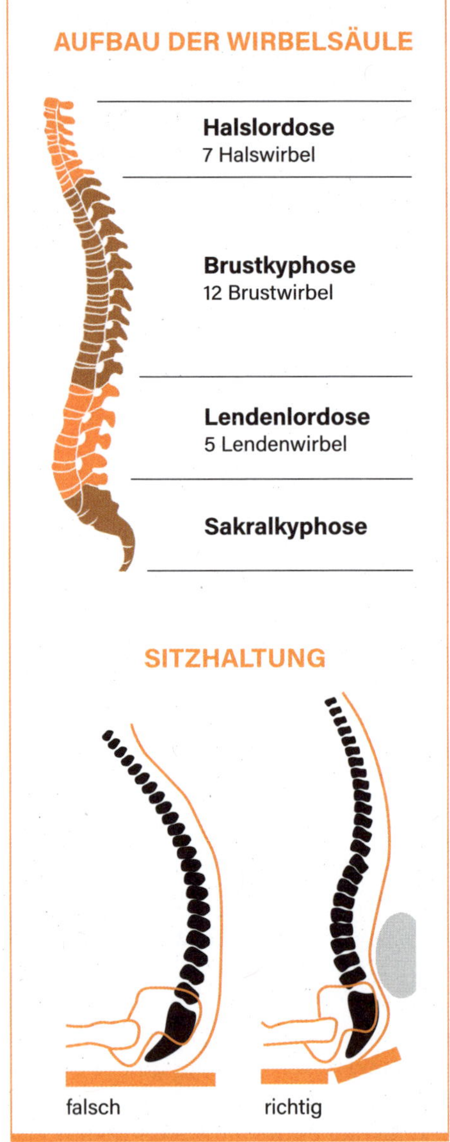

Wechsel zwischen zurückgelehnter und aufrechter Sitzhaltung möglich ist. Oberkörper und Beine sollten einen „offenen Winkel" von etwa 100 bis 120 Grad bilden (siehe Abbildung rechts). Die Lehne sollte sich der natürlichen Rundung des Rückens anpassen – zum Beispiel mittels eines „Netzrückens".

Bei langem Sitzen ist es wichtig, die Wirbelsäule im Lendenbereich zu entlasten und die dort befindliche „Lordose" in ihrer natürlichen Form zu unterstützen. Hochwertige Arbeitsstühle verfügen heutzutage grundsätzlich über eine Lordosenstütze und beugen so dem Verspannen und Zusammensacken des Rückgrats vor.

→ Lordose

Als Lordose werden die beiden nach vorn gerichteten natürlichen Krümmungen der Wirbelsäule im Bereich der Hals- beziehungsweise Lendenwirbel bezeichnet. Die rückwärtigen Krümmungen werden Kyphose genannt. Die rechts und links der Lendenwirbelsäule liegenden breiten Rückenmuskeln sorgen gemeinsam mit den im Bauchbereich befindlichen Muskeln, die die Lordose der Lendenwirbelsäule in Krümmung halten, für Halt und Stabilität.

Die Lordosenstütze sollte individuell in ihrer Höhe, idealerweise auch in ihrer Wölbung anpassbar sein. Im Zusammenspiel mit dem Widerstand der Rückenlehne sollte

Richtig einstellen

Ein Schreibtischstuhl passt nur zum Nutzer, wenn er an seinen Körper angepasst werden kann. Fünf Tipps fürs Probesitzen:

Armlehnen
Sie sollten so stehen, dass Ober- und Unterarm einen rechten Winkel bilden. Das entlastet Schultern und Nacken.

Rückenlehne
Der gewölbte untere Bereich stützt die Lendenwirbel ab. Das Becken sollte Kontakt zur Rückenlehne haben.

Synchronmechanik
Ist die Wippvorrichtung des Stuhls aktiviert, ermöglicht dieser sowohl eine aufrechte, als auch eine entspannt zurückgelehnte Sitzposition.

Sitzhöhe
Sie stimmt, wenn die Füße fest auf dem Boden stehen und Ober- und Unterschenkel einen 90-Grad-Winkel bilden.

Sitztiefe
Zwischen Kniekehlen und der Vorderkante des Sitzes sollte ein wenig Platz bleiben. Dann wird die Blutzirkulation nicht behindert.

ein angenehmer, entspannter und aufrechter Halt zu spüren sein, der die Bewegungsfreiheit jedoch nicht einschränkt. Extra-Tipp: Verlassen Sie sich beim Einstellen der Lendenwirbelstütze auf Ihr Gefühl. Erspüren Sie, welche Einstellung Ihnen wirklich guttut. Manche Menschen bevorzugen eine Unterstützung im nach innen gewölbten Bereich der Lendenwirbelsäule, andere empfinden diese etwas tiefer im Bereich des Beckenkamms als angenehmer.

Bürostühle im Test. Einen Test von Schreibtischstühlen sowie viele nützliche Tipps zu deren richtiger Einstellung finden Sie auf test.de unter dem Suchbegriff „Bürostühle“.

Wer Becken und Lendenwirbelbereich mobilisieren möchte, kann zumindest zeitweise auch auf einen Gymnastikball oder einen Fitness-Hocker zurückgreifen. Letztere sind speziell zum Arbeiten gedacht, jedoch ähnlich flexibel wie Gymnastikbälle. Sie fördern außerdem aktiv die Rückenmuskulatur. Vorsicht: Spätestens, wenn sich Rückenschmerzen ankündigen, sollte man wieder auf den Bürostuhl wechseln.

Zu guter Letzt sollten Sie die passenden Rollen für Ihren Fußboden wählen: Harte Rollen eignen sich für weiche Bodenbeläge wie Teppichböden. Gummierte Rollen sind weicher und deshalb besser für harte Beläge wie Dielen oder Parkett geeignet.

Platz für den Schreibtisch

Der Schreibtisch sollte ausreichend breit und tief sein. Die Deutsche Gesetzliche Unfallversicherung (DGUV) empfiehlt mindestens 80 x 60 Zentimeter – optimal seien jedoch 160 x 80 Zentimeter. Zudem sollte die Beinfreiheit unterhalb des Tisches mindestens 60 x 60 Zentimeter betragen – besser sind laut DGUV 120 x 80 Zentimeter.

Tipp: Lässt sich das nicht realisieren, behelfen Sie sich mit zusätzlichen Boards oder herausziehbaren Containern für mehr Fläche – etwa zur Ablage von Dokumenten.

Idealerweise lässt sich auch die Höhe der Schreibtischplatte verstellen – per Kurbel oder Elektromotor. Das gibt Nutzern die Möglichkeit, die Höhe der Arbeitsfläche an ihre Körpergröße anzupassen. Gesundheitsexperten empfehlen einen Abstand zwischen Oberschenkeln und Schreibtischkante von ca. zehn Zentimetern.

Darüber hinaus erlaubt ein höhenverstellbarer Schreibtisch, von der sitzenden in eine stehende Arbeitshaltung zu wechseln. Hintergrund: Langes Sitzen in derselben Position führt auf Dauer zu Rückenproblemen. Wichtig: In der Stehpult-Position sollte die Schreibtischplatte etwa auf Höhe des Ellenbogens liegen oder leicht darunter.

---

i

Ausstattung mieten. Falls der Arbeitgeber zögert, die Ausstattung fürs Homeoffice zu kaufen – vielleicht mietet er sie ja lieber für zwei oder drei Jahre? Anbieter wie Lendis und Alvero stellen Firmen gegen Gebühr Büromöbel sowie elektronische Geräte (zum Beispiel Laptops und Drucker) für deren Mitarbeiter zur Verfügung – inklusive Lieferung, Aufbau und Installation sowie Versicherungsschutz und Wartung. Das erhöht die Flexibilität – etwa für Startups, die nicht wissen, wie lange sie am Markt sein werden. Günstiger als Kaufen ist diese Variante jedoch nicht.

Tipp: Prüfen Sie, ob alle Kabel lang genug sind für die höchste mögliche Position. Übrigens: Auch ein ergänzendes Möbelstück, etwa ein mobiler Aktenschrank oder ein Rollcontainer in passender Höhe, gibt Ihnen die Möglichkeit, im Stehen zu arbeiten.

Im kleinen Homeoffice ist es ratsam, auch die Ecken zu nutzen, beispielsweise mit einem speziellen Eck-Schreibtisch. Handwerklich Begabte können auch Regalbretter über Eck an der Wand anbringen. Hat ein Schreibtisch partout keinen Platz, kommt ein an der Wand befestigter Klapptisch in Frage.

Grundsätzlich gilt: Wer wenig Arbeitsfläche hat, muss mehr tun, damit der Überblick nicht verloren geht. Was nicht ständig gebraucht wird, wandert in eine Schublade, eine Hängeregistratur, einen Stehsammler oder Aktenordner. Außerdem gilt es, die Arbeitsfläche von überflüssigen Sachen weitgehend freizuhalten – von Topfpflanzen genauso wie von Dekogegenständen.

Monitor ausrichten

Um Ihre Augen zu schonen, positionieren Sie den Monitor so, dass der Abstand zu den Augen mindestens 50 Zentimeter – also ca. eine Armlänge – beträgt. Tastatur und Papiervorlagen auf der Arbeitsfläche sollten in etwa den gleichen Abstand haben. Bei größeren Displays (siehe S. 140 ff.) ist ein größerer Abstand erforderlich. Während bei kleineren Bildschirmen mit 15 Zoll (38 Zentimeter) Diagonale 50 Zentimeter genügen, sollten es ab 20 Zoll (51 Zentimeter) mindestens 70 Zentimeter sein. Bei noch größeren Monitoren gilt als Faustformel: Der empfohlene Mindestabstand ist die 1,2-fache Displaydiagonale. Bei einem Monitor mit 27 Zoll (68,5 Zentimeter) ergibt sich so ein Abstand von etwa 82 Zentimetern.

Darüber hinaus sollte der Monitor so positioniert sein, dass der Blick leicht nach unten fällt. Das entlastet den Nacken und ist besser für die Augen. Moderne Displays lassen sich in der Höhe verstellen, bei älteren Modellen kommt ein Untersatz in Frage. Beim Arbeiten im Stehen sollte das Display etwa 20 Grad nach hinten geneigt sein.

Wer wenig Platz hat oder mit großen Monitoren arbeitet, sollte darüber nachdenken, diese „hängend" zu installieren und den gewonnenen Platz als Arbeits- und Ablagefläche zu nutzen. Mittels beweglicher Monitorarme lassen sich Entfernung, Höhe und Neigung der Displays mühelos einstellen.

Stauraum schaffen

Vielen Heimarbeitern genügt ein Rollcontainer unter dem Schreibtisch, andere benötigen einen Schrank oder ein Regal. Wer wenig Platz hat, sollte ausladende und dunkle Möbel meiden – Möbel aus durchsichtigem Kunststoff sind dagegen eine gute Idee. Grundsätzlich wirken offene Regale weniger wuchtig als geschlossene Schränke. Damit sie schön aufgeräumt sind, sollten lose Sachen in Schachteln, Boxen und Körben verschwinden.

Schneller Überblick

Je öfter Sie zu Hause arbeiten, desto wichtiger ist es, Ihren **Arbeitsplatz ergonomisch zu gestalten**. Investieren Sie bei Bedarf in einen guten **Schreibtisch, Stuhl und/oder Monitor** und stellen Sie diesen individuell ein. Vor allem, wer wenig Platz hat, sollte seine **Arbeitsmaterialien perfekt organisieren** und über **intelligente Stauraumlösungen** nachdenken.

Viel Stauraum lässt sich schaffen, indem man die Höhe der Wände ausnutzt. Schränke und Regale können theoretisch bis zur Decke reichen. Damit sie jedoch nicht erdrückend wirken, sollten hohe Möbel jedoch nicht direkt im Blickfeld stehen. Platzieren Sie wichtige und häufig genutzte Gegenstände in Griffhöhe, weniger genutzte und schwere Dinge weiter unten und den Rest oben.

Lichtquellen kombinieren

Der Einsatz von künstlichem Licht sollte immer der Versuch sein, sich der Wirksamkeit von natürlichem Licht anzunähern. Idealerweise sollte der gesamte Raum mit 500 bis 1500 Lux ausgeleuchtet sein – am besten durch eine Kombination direkter (zum Beispiel Schreibtischleuchte) und indirekter (zum Beispiel Decken- oder Wandleuchte) Lichtquellen. Das schont die Augen und beugt Müdigkeit vor.

Je älter man ist, desto heller sollte die Beleuchtung sein. Eine helle Schreibtischleuchte stellt sicher, dass die 500 Lux zumindest direkt am Arbeitsplatz erreicht werden. Aufstellort und Bauform der Leuchte sollten so gewählt werden, dass sie beim Arbeiten nicht blendet. Das ist dann der Fall, wenn ihr Licht seitlich einfällt, den Arbeitsplatz gleichmäßig ausleuchtet und keine Schlagschatten erzeugt. Übrigens: Je heller das Arbeits- und Umgebungslicht ist, desto heller sollte auch der Monitor sein.

→ Lichtstärke-Apps

Für das Smartphone gibt es Luxmeter-Apps, zum Beispiel Lichtmeter (Android), Lux Light Meter (Android/iOS) und Lux-O-Meter (iOS). Diese messen zwar nicht absolut exakte Werte, geben Nutzern jedoch zumindest eine Vorstellung davon, dass die angepeilten 500 Lux nicht übermäßig viel sind. Wer keine Schreibtischleuchte nutzt, erreicht diese Mindestvorgabe im Homeoffice dennoch häufig nicht. Insbesondere Deckenleuchten sind zu schwach und zu weit weg, sofern es sich nicht um leistungsstarke LED-Panels handelt. Häufig muss also nachgerüstet werden.

Hardware und Netzzugang

Damit Arbeiten zu Hause zum Erfolgsmodell wird, muss auch die Technik mitspielen. Mit Computer und Internetverbindung allein ist es in den meisten Fällen nicht getan.

Selbstständige und Freiberufler, aber auch viele Angestellte nutzen im Homeoffice ihren privaten Computer. Für Angestellte ist das aus mehreren Gründen kein gutes Geschäft. Zum einen gleicht kaum ein Arbeitgeber die Abnutzung aus. Außerdem ist jeder Mitarbeiter selbst für die Sicherheit seines Computers verantwortlich. Greifen Gauner darüber Daten aus dem Firmennetzwerk ab oder verschlüsseln sie den Zugriff darauf, ist man unter Umständen sogar haftbar (siehe S. 159 f.).

Angestellte sollten deshalb darauf hinwirken, fürs Homeoffice einen Rechner vom Betrieb gestellt zu bekommen. Bestes Argument: Ins Büro bringt auch niemand seinen eigenen Computer mit.

Viele Firmen haben das erkannt und stellen Mitarbeitern moderne, fertig konfigurierte Laptops zur Verfügung, auf denen die benötigte Software läuft – inklusive Virtual Private Network (VPN) zum sicheren Einwählen ins Firmennetzwerk. Wer für seine Hardware-Ausstattung selbst zuständig ist und einen Neukauf plant, sollte auf Geräte setzen, die technisch auf dem neuesten Stand sind, mehrere Funktionen in sich vereinen und idealerweise Platz sparen.

Computer

Was ihren Computer betrifft, setzen viele Heimarbeiter auf einen Laptop. Prinzipiell lässt sich dabei zwischen Standard- und 2-in-1-Modellen unterscheiden:

- **Standard-Laptops** haben ihren Monitor im aufklappbaren Deckel verbaut und besitzen eine integrierte Tastatur sowie einen Touchpad.
- **2-in-1-Geräte** lassen sich auch als Tablet verwenden. Ihr Bildschirm ist berührungssensitiv („Touchscreen"), die Tastatur lässt sich abnehmen („Detachable") oder um 360 Grad nach hinten klappen („Convertible").

Das vergleichsweise kleine Display und die integrierte Tastatur eines Notebooks oder 2-in-1-Laptops sind jedoch nicht ideal, um einen ganzen Tag damit zu arbeiten. Die wenig ergonomische Körper- und Handhaltung, die ein solches Gerät erzwingt, können zu Verspannungen, Kopfschmerzen und Sehnenentzündungen führen. Ein zweiter größerer Monitor sowie eine separate Tastatur sollten deshalb zur Ausstattung jedes Notebook-Arbeitsplatzes gehören. Zu beachten: Laptops mit 17,3 Zoll (43,9 Zentimeter) Display-Diagonale sind ein echter Desktop-Ersatz – lassen sich allerdings kaum mobil nutzen.

Letzteres ist auch bei einem klassischen PC-Tower ausgeschlossen. Dieser nimmt zudem mehr Platz weg und kann – wie Laptops auch – mit lauten Lüftergeräuschen nerven. Wer dennoch einen stationären Computer bevorzugt und wenig Platz hat, hat ebenfalls zwei Möglichkeiten:

- **Mini-PCs** lassen sich auch in Wohnräumen nutzen, ohne die Optik massiv zu stören – benötigen allerdings einen separaten Monitor.
- **All-in-One-Computer**, deren Recheneinheit im Gehäuse des Monitors verbaut ist, sind noch dezenter. Das sorgt für Ordnung auf dem Schreibtisch, zudem gibt es für dasselbe Geld nicht selten mehr Leistung und ein größeres Display als bei Laptops. Die meisten All-in-One-PCs bringen deutlich mehr Anschlüsse mit – sinnvoll für Zubehör wie einen Multifunktionsdrucker oder eine externe Festplatte zur Datensicherung.

Monitor

Nicht erst, wenn der Rücken schmerzt und der Nacken steif ist, sollte das Laptop-Display mit einem größeren Monitor ergänzt werden. Spendiert diesen nicht der Betrieb, bleibt nur der Griff in die eigene Tasche und die Frage: Wie groß soll er sein und was muss er können? So viel vorab: Für klassische Büroanwendungen wie Dokumente bearbeiten, Mails schreiben und im Internet recherchieren muss es kein High-End-Modell sein. Allerdings sollte sich ein Monitor auf die eigene Körpergröße und Sitzhöhe einstellen lassen (siehe S. 135) – dafür muss er höhenverstellbar sein und sich horizontal neigen lassen. Sinnvoll sind auch ein integrierter Umgebungslichtsensor, der die Helligkeit des Displays den Lichtverhältnissen im Homeoffice anpasst, sowie ein Display, das möglichst wenig spiegelt, um Reflexio-

---

Tablet mit Tastatur? Wer nur hin und wieder im Homeoffice oder mobil arbeitet, für den tut es unter Umständen auch ein größeres Tablet mit separater Bluetooth-Tastatur, die gleichzeitig als Aufstellhilfe dient. Viele Hersteller haben leistungsstarke Modelle für den professionellen Einsatz im Angebot. Tipp: In unserem regelmäßig aktualisierten Produktfinder auf test.de/mobile-computer können Sie sich ausführlich über derzeit rund 80 von uns getestete Notebooks, Ultrabooks, Convertibles und Tablets mit Tastatur informieren.

Checkliste

Das sollte Ihr Rechner können

Für die Produktivität im Homeoffice spielen folgende Ausstattungsmerkmale und Komponenten eine Rolle:

- ☐ **Hauptprozessor (CPU):** Je schneller der Prozessor arbeitet, desto schneller verarbeitet er große Datenmengen und desto flüssiger laufen zum Beispiel Videokonferenzen. Bei Laptops sollte es mindestens ein Intel-i5-Prozessor der zehnten Generation sein, bei Apple-Rechnern ein M1-Prozessor. Von AMD empfiehlt sich die Ryzen-Serie.
- ☐ **Arbeitsspeicher (RAM):** Im Arbeitsspeicher hält ein PC die Daten vor, die zur selben Zeit vom Hauptprozessor verarbeitet werden. Steht nicht genügend Arbeitsspeicher zur Verfügung, muss der Rechner Daten auf andere Speichergeräte auslagern. In der Regel genügen 8 GB RAM für Standardaufgaben. Bei rechenintensiven Anwendungen sind 16 GB oder mehr ratsam.
- ☐ **Massenspeicher:** Um Daten dauerhaft speichern zu können, sind Computer mit Hard Disk Drives (HDD) oder Solid State Drives (SSD) ausgestattet – beides umgangssprachlich als Festplatte bezeichnet. HDDs sind in der Anschaffung günstiger, SSDs bei Schreib- und Lesezugriffen deutlich schneller.
- ☐ **Grafikprozessor:** Für die Darstellung auf dem Monitor ist der Grafikprozessor (GPU) zuständig. Bei Standard-Büroapplikationen genügt die in die CPU eingebettete Grafikeinheit. Für anspruchsvolle Anwendungen wie Foto- und Videobearbeitung ist eine separate GPU mit mindestens 4 GB Kapazität ratsam.
- ☐ **Netzwerkanschluss:** Ein kabelgebundener Anschluss („Ethernet") ist die leistungsfähigste Option, jedoch oft nicht realisierbar. Besitzt der Laptop keinen Ethernet-Anschluss, hilft ein Ethernet-USB-Adapter. Weit verbreitet sind drahtlose WLan-Anschlüsse. Neue Computer unterstützen den Standard WiFi 6. Dieser bringt vor allem in Umgebungen mit hoher Dichte an WLan-Netzen mehr Datendurchsatz, da er verfügbare Frequenzen effektiver nutzt.

Checkliste

Externen Monitor anschließen

- ☐ Verbinden Sie Monitor und Laptop mit einem VGA-, HDMI-, DisplayPort- oder USB-3.0-Kabel.
- ☐ Starten Sie Laptop und Monitor.
- ☐ Klicken Sie mit der rechten Maustaste auf eine freie Stelle auf dem Desktop.
- ☐ Klicken Sie mit der linken Maustaste auf „Anzeigeeinstellungen".
- ☐ Wählen Sie „Erkennen" aus.
- ☐ Klicken Sie auf das neu hinzugekommene Symbol für den externen Monitor oder auf „Diese Anzeige erweitern". Bestimmen Sie die Auflösung sowie andere Einstellungen.
- ☐ Wählen Sie aus, welcher Bildschirm zum Laptop gehört.
- ☐ Setzen Sie ein Häkchen bei „Diesen Bildschirm als Hauptbildschirm verwenden".

nen zu vermeiden. Auch eine hohe Bildwiederholrate, eine kurze Reaktionszeit und ein Hochformat-Modus können sinnvoll sein (Infos: test.de/monitore).

Wer im Job viel mit Grafiken, Fotos und Videos zu tun hat, stellt höhere Ansprüche an die Bildqualität. Je höher die Auflösung, desto detailreicher das Bild. Der Monitor sollte zudem Farben und Graustufen exakt wiedergeben und gleichmäßig ausgeleuchtet sein. Wer mehrere externe Monitore nebeneinander betreibt, braucht zudem eine hohe Blickwinkelstabilität. Übrigens: Eine gute Alternative zum Betrieb zweier Monitore nebeneinander kann ein Ultrawide-Modell im Bildformat 32:9 sein.

→ UHD-Auflösung

UHD (auch 4K genannt) steht für eine Auflösung von 3840 x 2160 Pixeln – viermal so viele wie bei Full-HD. Das heißt: Auf einem UHD-Display lassen sich gleichzeitig vier Fenster in Full-HD-Auflösung anzeigen. Wer nur arbeiten und Videos gucken will, freut sich über besonders gut lesbare Schriften und eine extrem detailreiche Darstellung. Wer dagegen nach Feierabend UHD-Spiele in voller Pracht zocken will, braucht zusätzlich eine Top-Grafikkarte. Zudem muss der Rechner dafür mittels USB-C, HDMI 2.0 oder DisplayPort an den Monitor gekoppelt sein.

Was die Größe betrifft, gilt die Faustregel: Wer wenig Platz auf dem Schreibtisch oder ein begrenztes Budget hat, ist mit einem 24-Zoll-Monitor mit Full-HD-Auflösung gut bedient. Ein Modell mit 27 Zoll oder 32 Zoll braucht Platz, kostet mehr und erfordert einen größeren Abstand.

Tipp: Wer sparen will, wählt statt eines Monitors mit UHD-Auflösung ein Modell mit dem etwas geringer auflösenden WQHD.

Tastatur und Maus

Wer eine externe Tastatur verwendet, sollte dafür sorgen, dass seine Hände beim Tippen gerade aufliegen und nicht abknicken. Auch eine zweigeteilte ergonomische Tastatur kann dafür sorgen, dass sich die Armhaltung verbessert und weniger Beschwerden im Bereich des Nackens und der Handgelenke auftreten. Bei der Bedienung einer Maus spielt die Haltung ebenfalls eine wichtige Rolle: Im Idealfall bilden Mausarm und Tischkante einen rechten Winkel.

Ein Überanstrengen des „Mausarms" verhindern zusätzlich eine zum Beispiel ins Mauspad integrierte Handgelenkablage sowie eine ergonomische Maus. Diese ist asymmetrisch konstruiert, sodass sie Daumen, Finger und Handfläche in eine natürliche Position bringt. So werden Handgelenk und Unterarm geschont und einem Tennis- sowie Mausarm vorgebeugt. Die Maus sollte gut in der Hand liegen, über ein komfortabel zu bedienendes Mausrad verfügen und Klicks ohne großen Kraftaufwand ermöglichen. Bei vielen Modellen erlauben programmierbare Tasten das Zuweisen oft benutzter Befehle. Hochwertige Mäuse bieten mehrere Abtastraten zwischen 1000 und 1600 dpi, die mit einem Schalter anwählbar sind. Das sorgt für eine präzise Steuerung auf verschiedenen Oberflächen.

Drucker und Co.

In den meisten Homeoffices wird ein Drucker benötigt, meist auch ein Kopierer und ein Scanner. Nicht nur für beschränkte Platzverhältnisse bietet sich ein All-in-one-Gerät an. Viele Modele erfüllen ihren Job gut oder befriedigend. In unserem Vergleich auf test.de/drucker finden Sie eine große Auswahl an Tintenstrahl- und Laserdruckern mit und ohne Zusatzfunktionen.

Webcam und Mikrofon

Wie die meisten Notebooks verfügen auch All-in-One-PCs in der Regel über eine eingebaute Webcam samt Mikrofon. Nicht immer überzeugt deren Bild- und Tonqualität. Besonders am Ton hapert es in vielen Fällen. Abhilfe schafft ein Ohrhörer mit integriertem Mikrofon oder ein Kopfhörer mit Mikrofonbügel. Beide gibt es kabelgebunden oder per Bluetooth. Die darin verbauten Mikros sind jedoch teilweise sehr klein und sitzen eventuell an einer ungünstigen Stelle neben dem Kopf. Wer eine bessere Tonqualität benötigt, sollte in ein externes Mikrofon investieren, das auf dem Tisch steht oder am Monitor befestigt wird. Angeschlossen

Checkliste

Nachhaltigkeit im Homeoffice

- ☐ **Papier sparen:** Drucken Sie nur das aus, was Sie unbedingt auf Papier brauchen. Gewöhnen Sie sich an, E-Mails, Rechnungen und andere Dokumente am Rechner, auf dem Smartphone oder Tablet zu lesen und elektronisch zu archivieren. Drucken Sie wenn möglich doppelseitig („Duplexdruck") und nutzen Sie umweltfreundlich hergestelltes Papier (erkennbar zum Beispiel am „Blauen Engel"). Verwenden Sie leere Rückseiten für Notizen oder zum erneuten Drucken.
- ☐ **Daten sparen:** Internetnutzung und Datenaustausch fressen viel Energie, deren Erzeugung Emissionen verursacht. Speichern Sie Daten in der Cloud nur so lange, wie Sie sie brauchen. Verschicken Sie komprimierte Dateien und halten Sie die Anzahl an Mails und Suchanfragen gering. Misten Sie Postfächer und Cloud-Speicher regelmäßig aus. Schalten Sie in Videokonferenzen ggf. die Kamera aus. Lassen Sie sich nebenbei berieseln, streamen Sie keine Videos, sondern Musik.
- ☐ **Geräte ausschalten:** Lassen Sie Rechner, Monitor & Co. nicht stundenlang im Stand-by-Betrieb stehen. Nutzen Sie Steckdosenleisten mit Abschaltautomatik oder sogenannte Master-Slave-Steckdosen für Gerätegruppen. Nutzen Sie den Energiesparmodus Ihrer Geräte.
- ☐ **Grüne Suchmaschinen nutzen:** Eine Alternative zu normalen Suchmaschinen ist die Panda Search des World Wide Fund For Nature (wwf.de/aktuell/suchen-und-gutes-tun). Deren Werbeeinahmen unterstützen WWF-Projekte. Die Suchmaschine Ecosia.de spendet für jede Suchanfrage Geld an Wiederaufforstungsprogramme. Für 45 Suchanfragen wird ein Baum gepflanzt.
- ☐ **Richtig heizen und lüften:** Dichten Sie Fenster und Türen ab und heizen Sie den Raum auf 20 bis 22° C. Jedes Grad weniger spart rund 6 Prozent Energie. Öffnen Sie drei- bis viermal am Tag fünf bis zehn Minuten das Fenster, um frische Luft und Sauerstoff hereinzulassen. Stellen Sie in dieser Zeit Durchzug her.

wird es per USB-Kabelverbindung oder Bluetooth-Funk. Bereits ab 50 Euro sind brauchbare Modelle erhältlich. Für bestmögliche Tonqualität sollte es ein Richtmikrofon sein, das für einen Sprecher und nicht für eine ganze Tischrunde konstruiert ist.

Wer die verrauschten Bilder der in den Rechner integrierten Webcam leid ist, greift am besten zu einem externen Modell. Es sollte Bilder in HD-Qualität liefern und über ein integriertes Mikrofon verfügen. Gute Webcams gibt es ab ca. 50 Euro. Tipp für Nutzer mit Administratorrechten: Auch eine Systemkamera lässt sich als Webcam einsetzen. Einfach den passenden Treiber von der Hersteller-Website der Kamera herunterladen, auf dem Rechner installieren und Kamera und Rechner per USB-Kabel verbinden. Hilfreich zum Ausrichten der Kamera ist ein kleines Tischstativ oder ein größeres Fotostativ neben dem Schreibtisch.

Auch an die integrierten Lautsprecher sollte niemand überzogene Ansprüche stellen – hier können ein Paar kabelgebundene Speaker, ein Bluetooth-Lautsprecher oder ein Headset für Abhilfe sorgen.

Telefon und Smartphone

Wer im Homeoffice mit seinem Smartphone telefoniert, sollte ausreichenden Mobilfunkempfang haben. Für Festnetz- und Internettelefonie („Voice over IP") empfiehlt sich ein DECT-Telefon, bestehend aus Basis und Mobilteil. Manche Internetrouter (zum Beispiel einige Modelle der AVM Fritzbox) lassen sich als Basis für DECT-Telefone verwenden. Liegt das Mobilteil längere Zeit im Standby-Modus auf dem Schreibtisch, sollten Sie den Eco-Modus aktivieren, um die Strahlenbelastung zu senken.

Internettarif

Internetanbieter bewerben gern Datenraten mit Gigabit-Bandbreiten von 1000 Mbit/s oder wollen wenigstens Anschlüsse mit 100 oder 250 Mbit/s verkaufen. Abgesehen davon, dass diese Datenraten oft nicht erreicht werden, brauchen die wenigsten Menschen im Homeoffice mehr als 100 Mbit/s im Downstream. Viel wichtiger ist es, auf einen vernünftigen Upstream zu achten und das heimische Netzwerk gegen Zugriff durch Unbefugte zu sichern.

→ Upstream / Downstream

Die Begriffe bezeichnen die Richtung des Datenflusses in Rechnernetzwerken. Umgangssprachlich ist das Hoch- beziehungsweise Herunterladen von Daten gemeint. Upstream ist die Bezeichnung für Datenmengen, die von einem Rechner an einen Server gesendet werden – Downstream der umgekehrte Vorgang. Die dabei stattfindenden Prozesse heißen Up- beziehungsweise Download. Die Einheit für die jeweils maximal übertragbare Datenmenge ist Megabit pro Sekunde (Mbit/s).

Nutzen mehrere Haushaltsmitglieder den Internetanschluss gleichzeitig für Videostreaming oder andere Bewegtbildanwendungen, sollte dieser mindestens 50 Mbit/s im Downstream und 10 Mbit/s im Upstream schaffen. Basiert die Leitung noch auf DSL-Technik, sind diese Werte nicht zu erreichen. Schneller und stabiler wird der Zugang durch eine Umstellung auf VDSL – allerdings sind dann ein neues Modem und ein neuer Vertrag nötig.

Tipp: Zahlen Sie für den alten Tarif genau so viel, wie Sie heute für einen Anschluss mit 50 oder 100 Mbit/s zahlen müssten, dann lassen Sie den Vertrag umstellen und sich einen neuen Router schicken. Gibt es bei Ihnen kein VDSL, ist eventuell ein Zugang per TV-Kabel oder Mobilfunk möglich.

Wer öfter hört, er sei in Meetings nicht oder nur ruckelig zu sehen, sollte sich mehr Bandbreite im Upstream gönnen. Heute sind 2,5 Mbit/s üblich – besser sind 5 oder 10 Mbit/s. Insbesondere Grafiker, Architekten und andere Berufsgruppen, die häufig große Datenmengen übertragen, sollten sich um mindestens 40 Mbit/s im Upstream kümmern.

Wichtig bei der Auswahl eines geeigneten Tarifs sind neben den Homeoffice-Anwendungen die sonstigen Online-Aktivitäten im Haushalt. Ein Beispiel: Streamen drei oder mehr Leute häufiger zeitgleich Videos, sollte der Anschluss über 100 MBit/s im Downstream schaffen und wäre damit auch fit für den kommenden UHD-Standard.

Lan oder WLan?

Die schnellste und stabilste Verbindung zum Internetmodem liefert ein Netzwerkkabel – auch Lan-Kabel genannt. Ist eine Verbindung per Lan-Kabel nicht möglich, etwa weil der Router in einem anderen Zimmer steht, liefert ein Anschluss per WLan meist zufriedenstellende Ergebnisse. Liegt der Arbeitsplatz im hintersten Winkel der Wohnung oder steht der Router in einem anderen Stockwerk, kann es zu Empfangsproblemen kommen. Bevor man ein Zusatzgerät („Repeater") zum Verstärken des Signals installiert oder in Powerline-Adapter investiert, die Daten über die Stromleitung transportieren, lohnt es sich, den Router zu optimieren (siehe Checkliste rechts).

Sensible Daten schützen

Aus Sicherheitsgründen sind Firmennetzwerke nicht frei über das Internet zugänglich. Der Datenaustausch erfolgt meist über ein virtuelles privates Netzwerk (VPN). In der Regel kommt dafür eine Software zum Einsatz, die wie ein Tunnel durch das Internet verläuft und den Rechner sicher mit dem Firmennetzwerk verbindet. Wer die Berechtigung besitzt, kann von jedem Ort aus auf Firmendaten und Intranet zugreifen.

Wer von zu Hause aus auf seinen Rechner im Büro oder auf Server des Unternehmens zugreifen will, sollte Privatcomputer und Heimnetzwerk gegen Malware und Hackerangriffe absichern. Über einen infizierten oder gehackten Heimrechner könnten

Checkliste

Router optimieren, WLan verbessern

Diese sechs Tipps für Aufstellort und Routereinstellungen verbessern Ihr WLan – womöglich so, dass keine weiteren Maßnahmen erforderlich sind.

☐ **Entlasten.** Verbinden Sie Computer, Drucker oder Fernseher, die nahe genug am Router stehen, vorzugsweise per Lan-Kabel statt per WLan-Funk. Das überträgt Daten schneller und entlastet die Funkverbindungen zu den übrigen Geräten.

☐ **Ausrichten.** Experimentieren Sie mit verschiedenen Aufstellorten des Routers. Faustregel: Je höher, desto besser. Manchmal hilft es auch, wenn der Router an der Wand hängt, statt im Regal zu stehen. Die Signalstärke stellen Sie zum Beispiel mit der FritzApp WLan von AVM fest. Die App funktioniert auch mit Routern anderer Hersteller.

☐ **Aktivieren.** Router von Nachbarn können Ihr WLan stören. Um den Kanal mit den wenigsten Störungen zu finden, aktivieren Sie in den Einstellungen die automatische Suche nach freien Funkkanälen.

☐ **Ausweichen.** Moderne Router können neben dem schon lange gebräuchlichen Frequenzbereich um 2,4 Gigahertz auch den um 5 Gigahertz nutzen. Er ist noch nicht so verstopft. Wenn auch Ihre Endgeräte wie Notebook, Tablet und Fernseher ihn beherrschen, sollten Sie ihn nutzen.

☐ **Aktualisieren.** Wie bei allen vernetzten Geräten ist es auch bei Routern wichtig, die Betriebssoftware aktuell zu halten, um Sicherheitsupdates und neue Funktionen zu bekommen. Wenn möglich, aktivieren Sie die automatische Suche nach Updates.

☐ **Ersetzen.** WLan im 5-Gigahertz-Band und aktuelle Antennentechnik sind bei WLan-Routern erst seit einigen Jahren üblich. Ist Ihr Router bereits etwas in die Jahre gekommen, ersetzen Sie ihn durch ein neueres Modell. Informationen zu unseren getesteten Routern für Ihr Heimnetz erhalten Sie auf test.de/router.

Gauner auf den Bürorechner, über den VPN-Tunnel auf Unternehmensserver zugreifen.

Folgende Sicherheitsmaßnahmen sollten für Sie Standard sein:

1. **Router absichern:** Der Router ist das Tor zum Internet und deshalb in Sachen Sicherheit kritisch. Lücken beheben Hersteller meist über Updates der Gerätesoftware („Firmware"). Aktivieren Sie in der Eingabemaske Ihres Routers („Web-Interface") das automatische Installieren von Updates. Schützen Sie das Web-Interface durch ein langes, komplexes Passwort und verschlüsseln Sie Ihr WLan nach dem Standard „WPA2 mit AES", der ebenfalls ein Passwort erfordert. Laden Sie nicht durch eine fehlerhafte Konfiguration Angreifer in Ihr Netz ein. Technisch Versierte prüfen mit einem Portscanner (zum Beispiel dnstools.ch), ob der Router solche Einfallstore bietet.
2. **Rechner absichern:** Da die meisten Angriffe auf Windows abzielen, müssen sich Mac-Nutzer weniger Sorgen um Schadprogramme machen. Sinnvoll ist Sicherheitssoftware aber auch in der Mac-Welt – zum Beispiel, um nicht unwissentlich Windows-Viren an Bekannte weiterzuleiten. Windows hat bereits einen guten Schutz an Bord, der sich jedoch durch einen Virenscanner samt Firewall (siehe unten) eines anderen Anbieters ersetzen lässt. Zudem sollte das Betriebssystem stets auf dem aktuellen Stand sein, wichtige Daten regelmäßig gesichert und außerhalb der Wohnung aufbewahrt werden. So geht nichts verloren, falls Viren Dateien verschlüsseln, Einbrecher den Computer stehlen oder ein Brand ausbricht.
3. **Smarte Geräte schützen:** Ob Alarmanlage, Lautsprecher oder Fernseher – schützen Sie weitere vernetzte Geräte vor unbefugtem Zugriff. Lassen Sie das automatische Installieren von Firmware-Updates zu, ändern Sie voreingestellte Passwörter und schränken Sie den Fernzugriff über freigegebene Ports am Router ein. Richten Sie außer-

---

Sicher im Internet. Das Heimnetz vor Hackern schützen, leistungsfähige Antivirensoftware installieren, starke Passwörter erzeugen – unter test.de/datensicherheit bekommen Sie von unseren Experten erklärt, wie Sie Router, Rechner und Smartphone schützen können. Außerdem finden Sie Links zu allen Tests zum Thema Datensicherheit, die Sie sich gegen eine geringe Gebühr freischalten lassen können.

dem im Router-Interface am besten ein separates WLan für smarte Geräte ein, das vom WLan für Computer und Handys getrennt ist.

4 **Online-Dienste sicher nutzen:** Wer mit anderen über Online-Dienste zusammenarbeitet, sollte sich ebenfalls um das Thema Sicherheit kümmern. Beispiel Google Docs: Wie andere Online-Services bietet auch Google eine Zwei-Faktor-Authentifizierung, also eine Bestätigung der eigenen Identität in zwei Schritten. Selbst wenn Ganoven das Passwort erbeuten, sind Nutzer geschützt – denn zusätzlich verlangt Google beim Log-in einen einmaligen Code, der aufs Smartphone geschickt wird. Der Sicherheitscheck Ihres Google-Kontos hilft beim Einrichten.

5 **Sichere Passwörter verwenden.** Setzen Sie für verschiedene Dienste unterschiedliche Passwörter ein oder verwenden Sie einen Passwort-Manager. Dabei handelt es sich um ein Programm, das kaum knackbare Passwörter erstellt und zugleich dafür sorgt, dass der Nutzer sich nur noch ein einziges merken muss: sein Masterpasswort. Dieses sollte deshalb möglichst lang (mindestens 20 Zeichen) und sinnfrei, zugleich aber gut merkbar sein. Praktisch sind beispielsweise Nonsense-Sätze mit eingestreuten Sonderzeichen wie zum Beispiel„B@yerns B!ber blink3n!“.

DIE 3 BESTEN TIPPS ZU VPN

1 Daten verschlüsseln. Wer nicht vom Betrieb ein Virtual Private Network eingerichtet bekommt, sollte sich selbst darum kümmern – vor allem, wenn er öffentliche WLans nutzt. Gefahr droht, wenn WLan oder Daten unverschlüsselt sind. Ein VPN leitet den Datenstrom über Server des Anbieters und verschlüsselt sie.

2 Funktionsumfang wählen. Sehr nützlich sind kommerzielle Programme (Test unter test.de/vpn). Funktionell eingeschränkt, aber kostenlos arbeiten VPNs von Internetbrowsern wie Opera sowie Routern wie der Fritzbox. Da das Einrichten im Router anspruchsvoll ist, stellt Fritzbox-Anbieter AVM eine Anleitung bereit (avm.de/vpn).

3 Standort verschleiern. Bei kommerziellen VPNs können Nutzer wählen, wohin ihre Daten umgeleitet werden. Wählt man New York aus, „denken" Websites, man befände sich in den USA. Dadurch lassen sich in Deutschland sonst nicht verfügbare Dienste nutzen – und im Ausland auf Deutschland beschränkte Angebote.

Mein Recht im Homeoffice

Das Homeoffice wird nach Corona Teil der Arbeitswelt bleiben – auch ohne Rechtsanspruch. Im Folgenden finden Sie die wichtigsten Rechte und Pflichten für alle, die künftig von zu Hause aus arbeiten.

Eine Weile sah es so aus, als käme er vielleicht doch noch – der gesetzliche Anspruch auf Homeoffice. Erst setzte die zwischen Ende Januar und Ende Juni 2021 geltende neue Arbeitsschutzverordnung („Homeoffice-Verordnung") der Verweigerungshaltung mancher Unternehmen ein Ende und brachte eine Art „Rechtsanspruch light". In einer repräsentativen Befragung der Hans-Böckler-Stiftung gab damals rund ein Drittel der Befragten an, dass die Verordnung ein wichtiger Grund für ihren Wechsel ins Homeoffice war. Im Rahmen der „Bundesnotbremse" von April 2021 folgte die Verpflichtung für Beschäftigte, Homeoffice-Angebote ihres Arbeitgebers anzunehmen, wenn nicht wichtige Gründe dagegensprechen. Schließlich forderte die Partei Bündnis 90/Die Grünen, dass die auslaufende Verordnung in einen Rechtsanspruch übergehen müsse. Die Folge waren heftige Proteste von Wirtschaftsverbänden. Die Entscheidung darüber, wo Beschäftigte ihrer Arbeit nachgehen, so der Tenor, müsse weiterhin beim Unternehmen liegen. Dabei blieb es dann auch – mit bekannten Folgen: Je weiter die Infektionszahlen sanken und die Impfquote stieg, desto mehr Arbeitnehmerinnen kehrten an ihre Schreibtische in der Firma zurück.

Auch wenn es in absehbarer Zeit in Deutschland wohl kaum einen gesetzlichen Anspruch geben wird, wie er etwa seit 2015 in den Niederlanden existiert – von der Bild-

Rechtssicherheit
Angestellte, die im Homeoffice arbeiten, sollten das auf Basis einer Vereinbarung mit dem Arbeitgeber tun, aus der Rechte und Pflichten eindeutig hervorgehen.

fläche verschwinden wird das Homeoffice nicht mehr. Zu deutlich hat die Corona-Krise gezeigt, dass sich viele Tätigkeiten, teilweise sogar ganze Jobs, genauso gut oder besser von zu Hause – oder einem anderen Ort – aus erledigen lassen.

Welche Unternehmen wie viele Mitarbeiter künftig ortsflexibel arbeiten lassen, das wird nicht länger nur von Branche und Job abhängen. Ein entscheidender Faktor wird das jeweilige Unternehmen selbst sein, genauer gesagt: die dort herrschende Kultur. Ist sie weiterhin vor allem von Präsenzarbeit und Kontrolle durch Vorgesetzte geprägt oder nehmen gegenseitiges Vertrauen und Ergebnisorientierung künftig einen größeren Raum ein?

Wohin die Reise auch geht – vorbei sein dürfte jedenfalls die Zeit, in der die Möglichkeit, im Homeoffice zu arbeiten, Mitarbeitern wie eine Auszeichnung verliehen wurde. Vorbei auch die Zeit, in der Homeoffice von einem Tag auf den anderen „auf Zuruf" und ohne große Regelungen funktionierte. Künftig werden Tarifverträge und Betriebsvereinbarungen vermehrt Rahmenbedingungen für mobile Arbeit oder Telearbeit abstecken, die dann in Arbeitsverträgen und separaten Vereinbarungen konkretisiert und ergänzt werden. Darin Punkte wie Arbeitszeit, Erreichbarkeit und Datenschutz eindeutig zu klären, ist mehr als sinnvoll, denn nur auf diese Weise lässt sich bei Meinungsverschiedenheiten oder Auseinandersetzungen vor Gericht nachweisen, was vereinbart wurde.

Verbindlich geklärt werden sollte in einer Homeoffice-Vereinbarung darüber hinaus, ob Beschäftigte Mobiliar und technische Ausstattung vom Betrieb gestellt bekommen und ob der Arbeitgeber den Mehraufwand für Strom und Internetverbindung übernimmt. Denn wenn er das nicht tut, bleibt unter Umständen die Möglichkeit, das Finanzamt an selbst getragenen Kosten zu beteiligen.

Arbeitszeit und Arbeitsschutz

Auch wenn sich das Homeoffice in der Privatwohnung befindet, ist es kein rechtsfreier Raum. Handelt es sich um Telearbeit oder mobile Arbeit? Hier können die Vorschriften variieren.

Da „Homeoffice" in keinem Gesetz definiert ist, kursieren verschiedene Bedeutungen des Begriffs. Im Allgemeinen bezeichnet er jede Art von beruflicher Tätigkeit, die in den heimischen vier Wänden ausgeübt wird. In rechtlicher Hinsicht bedeutsam ist die Unterscheidung zwischen Telearbeit und mobiler Arbeit. Diese erfolgt mithilfe von § 2 Absatz 7 der Arbeitsstättenverordnung, der „Telearbeit" definiert.

→ Telearbeitsplatz

Telearbeitsplätze sind vom Arbeitgeber fest eingerichtete Bildschirmarbeitsplätze im Privatbereich der Beschäftigten, für die der Arbeitgeber eine mit den Beschäftigten vereinbarte wöchentliche Arbeitszeit und die Dauer der Einrichtung der Homeoffice-Regelung festgelegt hat. Ein Telearbeitsplatz ist vom Arbeitgeber erst dann eingerichtet, wenn Arbeitgeber und Beschäftigte die Bedingungen der Telearbeit arbeitsvertraglich oder im Rahmen einer Vereinbarung festgelegt haben und die benötigte Ausstattung des Telearbeitsplatzes mit Mobiliar und Arbeitsmitteln einschließlich der Kommunikationseinrichtungen bereitgestellt und installiert ist. Dies muss durch den Arbeitgeber oder eine von ihm beauftragte Person geschehen.

Sind die Kriterien „individualvertragliche Vereinbarung" und „Ausstattung des Arbeitsplatzes" erfüllt, gilt die Arbeitsstättenverordnung auch im Homeoffice. Falls nicht, handelt es sich um mobile Arbeit und die Verordnung gilt nicht.

Der Begriff „mobile Arbeit" umfasst alle Tätigkeiten, die nicht an einem festen Arbeitsplatz stattfinden, zum Beispiel das Arbeiten mit Laptop im Zug oder im Hotel während einer Dienstreise, aber auch das sporadische Arbeiten an PC, Laptop oder Tablet in der eigenen Wohnung ohne stationären Arbeitsplatz (siehe auch S. 19).

Wichtig zu wissen: Der Arbeitgeber kann Pflichten, die sich für ihn aus der Arbeitsstättenverordnung ergeben, nicht einfach dadurch umgehen, dass er mit einem Mitarbeiter eine „Vereinbarung über mobile Arbeit" abschließt. Entscheidend ist vielmehr,

HÄTTEN SIE'S GEWUSST?

Wie viel Prozent der in Deutschland Beschäftigten arbeiteten im Jahr 2017 in **vertraglich vereinbarter Telearbeit?**

12 % der Beschäftigten.

Was änderte sich im Corona-Jahr 2020?

31 % arbeiteten zumindest zeitweise im Homeoffice, ohne vertragliche Regelung.

Wer verfügt über eine Telearbeitsvereinbarung?

21% der hochqualifizierten Beschäftigten.

7% der Beschäftigten mit mittlerem Bildungsabschluss.

18% in Großbetrieben mit mehr als 1000 Beschäftigten.

7% in Kleinbetrieben mit unter 50 Mitarbeitern.

(Quelle: Bundesanstalt für Arbeitsschutz und Arbeitsmedizin)

ob die Vorgaben der Verordnung in der Praxis erfüllt sind oder nicht.

Tipp: Auch wenn Ihr Betrieb Ihren Heimarbeitsplatz nicht vollständig eingerichtet hat, kann Telearbeit vorliegen. Hier greift eine europarechtskonforme Auslegung von § 2 der Arbeitsstättenverordnung mit Grundlage in § 618 Absatz 1 BGB.

Ist nichts anderes vereinbart, muss der Arbeitgeber auch bei mobiler Arbeit die Kosten für die Anschaffung erforderlicher Geräte tragen (§ 670 BGB). Beide Seiten können jedoch von dieser Vorgabe abweichen und vereinbaren, dass der Arbeitnehmer seinen eigenen Schreibtisch oder Computer nutzt, sofern diese den sicherheitstechnischen und ergonomischen Anforderungen entsprechen. Ob das der Fall ist, muss der Arbeitgeber im Rahmen einer Gefährdungsbeurteilung bewerten.

Tipp: Bestehen Sie auf einer schriftlichen Vereinbarung zur beruflichen Nutzung privater Arbeitsmittel. Nur so können Sie Streitigkeiten effektiv vorbeugen, etwa wegen Verletzung des Datenschutzes oder um eigene Aufwendungen ersetzt zu bekommen.

Arbeitszeit

Wie bei der Präsenzarbeit im Betrieb gilt auch im Homeoffice das Arbeitszeitgesetz – und zwar sowohl für Telearbeit als auch für mobile Arbeit. Das heißt:

- **Dauer:** Der Arbeitstag darf höchstens acht Stunden haben, in Ausnahmefällen bis zu zehn Stunden (§ 3).

- **Pausen:** Ab sechs Stunden sind 30 Minuten, ab neun Stunden 45 Minuten Pause vorgeschrieben (§4).
- **Ruhezeit:** Zwischen Arbeitsende und -beginn müssen elf Stunden Ruhezeit liegen (§5 Absatz 1).
- **Verbot:** An Sonn- und Feiertagen darf grundsätzlich nicht gearbeitet werden (§9 Absatz 1, Ausnahmen siehe §9 Absatz 2 und 3 sowie §10).

Der Arbeitgeber ist dafür verantwortlich, dass seine Mitarbeiter diese Vorschriften einhalten. Arbeiten Beschäftigte im Homeoffice, darf der Arbeitgeber diese Pflicht auf sie übertragen – das geschieht üblicherweise durch einen entsprechenden Passus in der Homeoffice-Vereinbarung.

Darüber hinaus müssen Arbeitgeber laut §16 Absatz 2 Arbeitszeitgesetz Arbeitszeit, die über acht Stunden am Tag hinausgeht, erfassen und für zwei Jahre dokumentieren.

Noch weiter ging der Europäische Gerichtshof (EuGH) 2019 in einem wegweisenden Urteil: Demnach müssen Arbeitgeber ein System einrichten, mit dem sie die täglich geleistete Arbeitszeit von Mitarbeitern erfassen können (Az. C-55/18). Auch diese Pflicht können sie auf Arbeitnehmer im Homeoffice übertragen. Voraussetzung ist ein geeignetes System zur Zeiterfassung. Dafür gibt es mehrere Möglichkeiten:

- **Stundenzettel:** Bei der analogen Variante notiert der Mitarbeiter seine Arbeitszeiten auf Papier.
- **Tabellentool:** Hier trägt der Mitarbeiter Arbeitsbeginn und -ende am Computer in eine Tabelle (zum Beispiel in Microsoft Excel oder OpenOffice) ein.
- **Ein- und Ausloggen:** Auch das Erfassen von Log-in- und Log-out-Aktivitäten seitens der Mitarbeiter ist zulässig, um deren Arbeitszeit zu erfassen.
- **Software:** Professionell erfassen lässt sich Arbeitszeit mit einer webbasierten Software. Mitarbeiter „stempeln" über eine App oder die Webplattform ein und aus. Bei vielen Lösungen lassen sich Arbeitszeiten Aufgaben oder Projekten zuordnen sowie Abwesenheiten verwalten. Vorgesetzte sehen Minus- als auch Überstunden auf einen Blick.

Im Zusammenhang mit der Einführung von Homeoffice-Lösungen wird häufig Vertrauensarbeitszeit vereinbart oder stillschweigend praktiziert. Hier entsteht häufig Streit, wenn die Arbeit in der vereinbarten Arbeitszeit nicht zu schaffen ist.

Tipp: Bestehen Sie auf klaren Regelungen zur Arbeitszeit auch im Homeoffice – und erfassen Sie diese exakt. Wer schummelt, riskiert die Kündigung! Mit Tools wie WorkingHours können auch Freiberufler und Solo-Selbstständige ihre Arbeitszeit erfassen. Das Tool gibt es auch als App für Android oder iOS. Unter „Aufgaben" hinterlegen Sie alle wichtigen To-dos. Läuft die Zeiterfassung, ordnen Sie der Stoppuhr Ihre aktuelle Aufgabe zu. Die Erfassung lässt sich einfach pausieren und fortsetzen. Die Alternative ManicTime ist in der Standard-Version ebenfalls kostenlos. Das Programm startet automatisch mit Windows und erfasst den Beginn des Arbeitstags so auf die Minute genau. Außerdem registriert es, welches Programm wie lange verwendet wird – praktisch für Freelancer, die ihren Kunden genaue Abrechnungen vorlegen möchten.

Arbeitsschutz

Der Arbeitgeber ist auch im Homeoffice für die Sicherheit und Gesundheit der Beschäftigten nach den Grundsätzen des Arbeitsschutzgesetzes verantwortlich. So darf das Netzkabel für den Laptop nicht quer durchs Zimmer verlaufen und zur Stolperfalle werden. Dafür müssen Arbeitgeber oder externe Fachleute den Arbeitsplatz im Homeoffice zu Beginn inspizieren.

Wer mit einer „Gefährdungsbeurteilung" vor Ort einverstanden ist, muss den Zutritt zu seiner Wohnung schriftlich gestatten. Pflicht ist das nicht, denn § 13 Grundgesetz garantiert die Unverletzlichkeit der Wohnung. Alternative: Der Arbeitgeber befragt den Mitarbeiter dann lediglich über den Zuschnitt des geplanten Heimarbeitsplatzes und spricht mit ihm Einrichtungsdetails ab.

Anhand dieser Gefährdungsbeurteilung muss der Arbeitgeber erforderliche Arbeitsschutzmaßnahmen ergreifen und den Mitarbeiter entsprechend unterweisen. Diese sind ihrerseits verpflichtet, für ihre Sicherheit und Gesundheit bei der Arbeit zu sorgen sowie bei Arbeitsschutzmaßnahmen mitzuwirken. Bei letzteren hat der Betriebsrat übrigens ein Mitbestimmungsrecht.

→ Mitbestimmung

Existiert ein Betriebsrat, so ist dieser bei der Einführung von Homeoffice oder mobilem Arbeiten einzubeziehen. Je nach konkreter Ausgestaltung der Betriebsvereinbarung können Mitbestimmungsrechte nach § 87 Absatz 1 Betriebsverfassungsgesetz (BetrVG) u. a. zu den Gesichtspunkten Arbeitsschutz, Einführung technischer Einrichtungen und Arbeitszeit bestehen. Praktische Relevanz hat darüber hinaus das Überwachungsrecht nach § 80 Absatz 1 Nr. 1 BetrVG mit Blick auf die Einhaltung von Unfallverhütungsvorschriften. Da die nicht nur ganz kurzzeitige Anordnung von Homeoffice oder mobilem Arbeiten im Regelfall eine Versetzung darstellt, greift außerdem das Mitbestimmungsrecht nach § 99 BetrVG.

Die arbeitsschutzrechtlichen Vorschriften im Detail hängen davon ab, ob es sich um Telearbeit oder mobile Arbeit handelt.

- **Telearbeit:** Hier gelten die gleichen arbeitsschutzrechtlichen Vorschriften wie im Betrieb. Arbeitgeber müssen neben der Arbeitsstättenverordnung, das Arbeitsschutzgesetz und die dazu erlassenen Verordnungen in vollem Umfang umsetzen. In manchen Punkten dürfen Eigenarten des Homeoffice berücksichtigt werden. So müssen Sanitärräume und Fluchtwege nicht geprüft werden.

- **Mobile Arbeit:** Die Vorschriften sind hier flexibler. Grundsätzlich muss der Arbeitgeber nur solche Maßnahmen ergreifen, die in seinem Einflussbereich liegen. Die Arbeitsstättenverordnung gilt nicht – die Pflicht zu einer Gefährdungsbeurteilung (§ 5 Absatz 1 ArbSchG) sowie zur Unterweisung des Arbeitnehmers (§ 12 Absatz 1 ArbSchG) grundsätzlich schon, wenn auch eingeschränkt. So lässt sich eine konkrete Gefährdungsbeurteilung in der Regel gar nicht vornehmen. Die Pflicht zur Unterweisung umfasst in diesem Fall lediglich allgemeine und konkrete Risiken.

Arbeitsunfälle

Auch am heimischen Arbeitsplatz stehen Arbeitnehmer unter dem Schutz der gesetzlichen Unfallversicherung. Der Unfall muss jedoch in einem „sachlichen Zusammenhang“ mit der Arbeit stehen. Geschützt ist, wer zum Beispiel in seinem Arbeitszimmer auf dem Weg vom Schreibtisch zum Aktenschrank stürzt. Auch wer auf dem Weg zum dienstlich genutzten Drucker im Erdgeschoss die Treppe hinunterstürzt, hat Anspruch auf Leistungen. Dasselbe gilt seit Juni 2021 auch für Unfälle im eigenen Haushalt, die auf dem Weg zur Nahrungsaufnahme beziehungsweise zur Toilette passieren (§ 8 Absatz 1 SGB VII). Nicht versichert ist dagegen weiterhin, wer die Treppe hinunterfällt, weil er zum Beispiel eine private Paketsendung entgegennehmen will.

Wichtig: Der Arbeitgeber trägt auch bei Unfällen am Telearbeitsplatz mit von ihm genehmigtem privatem Mobiliar, etwa dem eigenen Bürostuhl, die Verantwortung. Er kann sich nicht mit dem Argument distanzieren, es habe sich um ein privates Möbelstück gehandelt. Seine Unfallversicherung muss dann für Folgekosten aufkommen.

Darüber hinaus gibt es für Beschäftigte im Homeoffice seit Juni 2021 dieselben „versicherten Umwege“ (§ 8 Absatz 2 Nr. 2 Buchstabe a und Nr. 3 SGB VII) wie bei der Tätigkeit im Büro. Wer also aufgrund seiner Berufstätigkeit sein Kind in den Kindergarten oder die Schule bringt oder es von dort abholt, ist auf dem Hin- und Rückweg über die gesetzliche Unfallversicherung geschützt.

Schneller Überblick

In Hinblick auf **Arbeitszeit und Arbeitsschutz** gelten vor allem **für Telearbeiter nahezu dieselben Regeln wie im Büro** – mit dem Unterschied, dass Mitarbeiter sich vertraglich verpflichten, selbst für ihr Wohlergehen zu sorgen. Bei Unfällen gilt eine strikte Trennung von privater und beruflicher Sphäre.

Datenschutz und Überwachung

Datenschutz daheim: Familie, Nachbarn und Besucher dürfen keine personenbezogenen Informationen zu Gesicht bekommen, Arbeitgeber Mitarbeiter umgekehrt nicht bespitzeln.

Als zu Beginn der Covid-Pandemie Millionen Arbeitnehmer von heute auf morgen ins Homeoffice wechselten, spielten dort Datenschutz und IT-Sicherheit meist eine untergeordnete Rolle. Vor allem für Unternehmen, die noch keine Erfahrung mit Homeoffice hatten, ging es erst einmal darum, den Geschäftsbetrieb aufrechtzuerhalten und einen schnellen Remote-Zugriff auf Unternehmensdaten zu ermöglichen.

Laut einer repräsentativen Umfrage des Bundesamtes für Sicherheit in der Informationstechnik (BSI) hatte sich an der Situation Ende 2020 nicht viel geändert: Demnach hatten vor allem kleinere Firmen noch immer kaum Maßnahmen ergriffen, um sensible Daten zu schützen. So kam laut BSI nur in 42 Prozent der Betriebe außerhalb des Büros ausschließlich unternehmenseigene IT zum Einsatz. Das heißt: Viele Mitarbeiter griffen nach wie vor mit ihrem privaten Rechner über zum Teil unzureichend geschützte Datenverbindungen auf das Netzwerk ihrer Firma zu. Darüber hinaus kümmerten sich nur 38 Prozent der Unternehmen um die Sicherheit mobiler Geräte wie Smartphone, Laptop und Tablet, die Verbindung zum Firmennetzwerk hatten.

Kriminelle nutzten das aus – Datendiebstahl, das Erpressen von Leistungen sowie Systemausfälle nahmen rapide zu. 8 Prozent der befragten Unternehmen wurden in dieser Zeit Opfer von Cyberattacken – von den Großunternehmen sogar 24 Prozent. Etwa ein Viertel der Betroffenen – vor allem Firmen mit weniger als 50 Mitarbeitern – erlitt dadurch nach eigener Aussage sehr schwere oder sogar existenzbedrohende Schäden.

Datenschutz im Homeoffice

Doch selbst, wenn Hardware und Datenverbindung geschützt sind – Unternehmen können kaum kontrollieren, ob ihre Mitarbeiter im Homeoffice sensible Daten ausreichend schützen. Dennoch unterliegt der Datenschutz zu Hause denselben gesetzlichen Vorschriften wie im Betrieb – und der Arbeitgeber ist für deren Einhaltung verantwortlich. Laut Bundesdatenschutzgesetz (BDSG) und EU-Datenschutz-Grundverordnung (DSGV) ist er verpflichtet, „geeignete technische und organisatorische Maßnahmen“ zu ergreifen, um ein „dem Risiko angemessenes Schutzniveau zu gewährleisten“. Das gilt insbesondere für personenbezogene Daten, also Informationen über Kunden und Beschäftigte.

→ Personenbezogene Daten

Zu den besonders schützenswerten Daten gehören vor allem die in Art. 9 Absatz 1 DSGVO genannten Angaben zur rassischen und ethnischen Herkunft, Gewerkschaftszugehörigkeit, zu politischen Meinungen, religiösen oder weltanschaulichen Überzeugungen sowie genetische Daten, biometrische Daten zur eindeutigen Identifizierung einer natürlichen Person, Gesundheitsdaten, Daten zum Sexualleben oder der sexuellen Orientierung einer natürlichen Person. Eine Verarbeitung dieser Daten ist grundsätzlich untersagt. Hinzu kommen personenbezogene Daten, die Arbeitgeber im Lauf des Berufslebens über ihre Beschäftigten sammeln und die laut § 26 BDSG schützenswert sind. Dasselbe gilt schließlich für Daten, die die gesetzlichen Sozialversicherungsträger (zum Beispiel Kranken- und Pflegekassen sowie Rententräger) über Mitglieder beziehungsweise Versicherte speichern und die laut § 35 Absatz 1 SGB I nicht unbefugt verarbeitet werden dürfen.

Laut Art. 5 Absatz 1 Buchstabe f DSGVO sind personenbezogene Daten vor „unbefugter oder unrechtmäßiger Verarbeitung und vor unbeabsichtigtem Verlust, unbeabsichtigter Zerstörung oder unbeabsichtigter Schädigung“ zu schützen. Von diesen Anforderungen sind innerhalb eines Unternehmens typischerweise Bereiche wie Marketing, Vertrieb und Kundenservice, aber auch Buchhaltung und Personal betroffen.

Über diese personenbezogenen Daten hinaus hat jeder Arbeitgeber ein Interesse daran, dass auch vertrauliche Informationen über das eigene Unternehmen und dessen Geschäftstätigkeit nicht in fremde Hände gelangen.

Risiken und Lösungen

Inwieweit sich Telearbeit oder mobile Arbeit besser für den Umgang mit sensiblen Daten eignen, hängt auch davon ab, wie hoch das Risiko eines Missbrauchs oder unbefugten Zugriffs ist. Oberste Prämisse: Daten sollten durchgehend elektronisch verarbeitet werden. Müssen Unterlagen zwischen verschiedenen Arbeitsorten hin- und hertransportiert werden, steigt das Risiko, dass Daten verloren gehen, beschädigt werden oder in fremde Hände gelangen.

Laut Bundesdatenschutzbeauftragtem (BfDI) birgt Telearbeit ein geringeres Missbrauchsrisiko als mobile Arbeit. Grund: Der Arbeitgeber richtet in diesem Fall den heimischen Arbeitsplatz selbst ein, kontrolliert diesen und kann so Risiken besser minimieren. Dagegen besteht bei mobilem Arbeiten zusätzlich die Gefahr, dass Laptop, Tablet oder Smartphone verloren gehen und sich Unbefugte Zugang zu sensiblen Daten verschaffen. Deshalb sollten letztere stets verschlüsselt gespeichert, das Gerät nur in gesperrtem Zustand transportiert und zur Authentifizierung eingesetzte Sicherheitskarten oder ähnliche Vertrauensanker getrennt aufbewahrt werden.

Grundsätzlich empfiehlt es sich, nur dort zu arbeiten, wo es der Arbeitgeber gestattet hat – bei Homeoffice in den eigenen vier Wänden. Zudem ist es ratsam, sich vom Arbeitgeber schriftlich detaillierte Vorgaben zu datenschutzrechtlichen Aspekten geben zu lassen. Wer dennoch im öffentlichen Raum, also in einem Café oder der Bibliothek arbeitet, sollte Vorsicht walten lassen: Meiden Sie unsichere öffentliche Internetzugänge und unverschlüsselte Datenverbindungen zum Unternehmensrechner.

Pflichten für Arbeitnehmer

In der Praxis ist es üblich, dass Unternehmen ein Sicherheitskonzept erarbeiten, das mit technischen und organisatorischen Maßnahmen umgesetzt wird. Daraus leiten sie Vorgaben für Mitarbeiter ab. In der Regel geschieht das in Form einer allgemeinen Richtlinie, auf die dann in der Homeoffice-Vereinbarung Bezug genommen wird, und zu deren Einhaltung sich Mitarbeiter verpflichten müssen.

Auch wenn die Regelungen im Einzelfall von Größe, Struktur und Geschäftstätigkeit des Unternehmens abhängen, sind folgende Vorschriften für Arbeitnehmer üblich:

- Das Arbeiten im Homeoffice ist nur mit den vom Arbeitgeber bereitgestellten Mitteln – also Hardware, Software, sichere Verbindung zum Firmennetzwerk – zulässig.
- Das Arbeiten außerhalb der Firma ist nur in der eigenen Wohnung beziehungsweise an vom Arbeitgeber autorisierten Orten erlaubt.
- Dem Arbeitnehmer überlassene Geräte wie Computer, Tablet und Smartphone dürfen ausschließlich beruflich genutzt werden.
- Der Arbeitnehmer darf betriebliche Dokumente nicht auf privaten Speichermedien wie lokalen Festplatten, ungesi-

---

Arbeit an öffentlichen Orten sollten Sie vermeiden. Falls Sie doch im Café sitzen, platzieren Sie Ihren Laptop so, dass das Display für andere nicht sichtbar ist. Führen Sie in öffentlichen Verkehrsmitteln keine dienstlichen Telefonate, die Mitreisende mithören können.

Checkliste

Datenschutz zu Hause

Folgender Sicherheitscheck gibt Ihnen wichtige Anhaltspunkte zum Thema Datensicherheit:

- ☐ An meinem Heimarbeitsplatz kann ich Dokumente mit personenbezogenen Daten sicher aufbewahren. Ich nutze einen separaten Raum, der sich abschließen lässt oder bewahre sämtliche Unterlagen an einem abschließbaren Ort auf.
- ☐ Ich halte berufliche und private Daten strikt getrennt.
- ☐ Niemand außer mir hat Zugriff auf dienstliche Daten.
- ☐ Rechner und beruflich genutzte mobile Geräte sind mit einem Passwort oder einem geeigneten Authentifizierungsverfahren geschützt.
- ☐ Alle beruflich genutzten Geräte verfügen über verschlüsselte Speicher.
- ☐ Mein Laptopdisplay / Monitor ist so ausgerichtet, dass Unbefugte keinen Einblick haben. Ansonsten verwende ich eine Sichtschutzfolie.
- ☐ Ich aktiviere beim kurzfristigen Verlassen des Arbeitsplatzes eine Bildschirmsperre, die sich nur über ein Passwort oder per Fingerabdruck- oder Iris-Scan aufheben lässt.
- ☐ Ich schließe an dienstlich genutzte Geräte keine private Hardware wie USB-Sticks an.
- ☐ Ich sichere meine Daten auf Grundlage der betrieblichen Vorgaben (Backup-/Recovery-Verfahren).
- ☐ Ich drucke ein Minimum an Dokumenten aus, um eine durchgehend elektronische Datenverarbeitung zu gewährleisten. Ich transportiere dienstliche Papierdokumente in einer verschlossenen Tasche.
- ☐ Ich entsorge dienstliche Dokumente nicht im privaten Papiermüll.
- ☐ Ich führe Telefonate und Videokonferenzen mit vertraulichem Inhalt so, dass andere sie nicht hören.
- ☐ Digitale Assistenten, die auf Sprache reagieren, schalte ich während der Arbeit aus oder entferne sie aus meinem Umkreis.

(Quelle: Landesbeauftragte für Datenschutz (LfD) Niedersachsen)

cherten USB-Sticks oder privaten Cloud-Speichern ablegen.

- Lokal verarbeitete Daten sind spätestens am Ende des Arbeitstages auf einem Speichermedium des Arbeitgebers (zum Beispiel einem Server) zu sichern.
- Berufliche E-Mails, Anhänge und andere dienstliche Dokumente dürfen nicht auf private Accounts weitergeleitet werden.
- Betrieblich genutzte Hard- und Software muss vor dem Zugriff durch Familienangehörige, Nachbarn und andere unbefugte Personen gesichert sein.
- Bei kurzzeitiger Abwesenheit sind Geräte zu sperren (zum Beispiel durch eine Bildschirmsperre) und Informationen wirksam gegen unbefugten Zugriff zu sichern (zum Beispiel durch ein Passwort). Bei längerer Abwesenheit sind sämtliche Informationen und Arbeitsmittel sicher zu verwahren und nach Möglichkeit einzuschließen.
- Störungen und Auffälligkeiten, insbesondere die unbefugte Kenntnisnahme personenbezogener Daten, sind an den Datenschutzbeauftragten des Unternehmens zu melden.

Verstöße gegen diese und eventuell geltende weitere Vorschriften ziehen in aller Regel arbeitsrechtliche sowie zivil- und strafrechtliche Konsequenzen nach sich.

Kontrolle durch den Arbeitgeber

Da die Verantwortung für den Umgang mit personenbezogenen Daten beim Arbeitgeber liegt, hat dieser sowohl das Recht als auch die Pflicht, vor und nach der Genehmigung von Telearbeit oder mobilem Arbeiten routinemäßig und in regelmäßigen Abständen zu kontrollieren, ob seine Vorgaben eingehalten werden. Dies gilt insbesondere, wenn Mitarbeiter besonders sensible Daten verarbeiten sollen.

Viele Arbeitgeber haben jedoch deutlich weitergehende Kontrollbedürfnisse. Sie prüfen, ob Mitarbeiter im Homeoffice tatsächlich zu den festgelegten Zeiten arbeiten und wie produktiv sie dabei sind. Technisch ist

Recht auf Auskunft: Beschäftigte können von ihrem Arbeitgeber Auskunft darüber verlangen, welche Daten er über ihr Verhalten am Arbeitsplatz gesammelt hat. Vermuten Sie, dass Ihr Arbeitgeber Sie unzulässig überwacht, wenden Sie sich an einen Fachanwalt für Arbeitsrecht, zum Beispiel über anwaltauskunft.de. Informieren Sie auch den Betriebsrat und den Datenschutzbeauftragten über die vermutete Überwachung.

Zeiterfassung
Im Homeoffice müssen sich Angestellte an die vereinbarte Arbeitszeit halten. Permanent überwachen darf sie der Arbeitgeber jedoch nicht.

das kein Problem – der Markt bietet eine breite Palette an Überwachungssoftware. Doch längst nicht alles, was die Software kann, ist auch erlaubt. Grundsätzlich ist eine permanente Überwachung und Leistungskontrolle von Beschäftigten durch den Arbeitgeber verboten. Andere Maßnahmen sind dagegen in Ordnung und können sogar die Grundlage für eine Kündigung bilden. Hier ein kurzer Überblick:

- **Arbeitszeit:** Der Arbeitgeber hat ein berechtigtes Interesse daran, die Arbeitszeit seiner Mitarbeiter auch im Homeoffice zu überwachen. Darüber hinaus ist er dazu rechtlich verpflichtet: Das Arbeitszeitgesetz sieht vor, dass er Zeiten, die über acht Stunden am Tag hinausgehen, erfassen und für zwei Jahre dokumentieren muss. Unstrittig ist deshalb, dass der Arbeitgeber mithilfe von Log-in- und Log-out-Daten nachvollziehen darf, wann Angestellte über ihren Arbeitsrechner mit dem Firmennetzwerk verbunden waren. Das ist vergleichbar mit anderen Methoden der Zeiterfassung wie dem Ein- und Ausstempeln am Firmeneingang.
- **E-Mails:** E-Mail-Konten sind wie Laptop oder Smartphone Betriebsmittel, die der Arbeitgeber Mitarbeitern überlassen kann, die jedoch weiterhin ihm gehören. Deshalb darf er auch vorschreiben, wie und wofür sie verwendet werden dürfen. Ob er dienstliche Accounts überwachen darf, hängt davon ab, wie deren Nutzung geregelt ist. Dürfen Beschäftigte private Mails über ihren Dienst-Account verschicken, ist eine Überwachung in der Regel unzulässig. Der Arbeitgeber darf jedoch Einsicht in

Schneller Überblick

Auch im Homeoffice muss der **Schutz betrieblicher Daten** gewährleistet sein. Mitarbeiter, die die Datenschutzrichtlinie ihres Unternehmens unterschrieben haben, sind verpflichtet, deren **Vorgaben in der Praxis umzusetzen** und den Verlust sowie die **unbefugte Weitergabe** von Daten zu verhindern.

dienstliche Mailwechsel verlangen. Eine darüber hinausgehende – auch heimliche – Kontrolle ist nur erlaubt, wenn der konkrete Verdacht einer Straftat vorliegt. Ist die private Nutzung explizit verboten, darf der Arbeitgeber Konten stichprobenartig überprüfen, muss jedoch Mitarbeiter vorab informieren und gegebenenfalls den Betriebsrat einbeziehen.

- **Browserverlauf:** Untersagt der Arbeitsvertrag die private Nutzung des Internets, darf der Arbeitgeber bei einem konkreten Verdacht auf Verstöße die Browserverläufe von Beschäftigten auswerten – auch ohne deren Wissen oder gar Zustimmung. Die so gewonnenen Daten darf er als Beweismittel verwenden – etwa in einem Kündigungsprozess vor Gericht. Auch wenn private Internetnutzung erlaubt ist, darf der Chef den Browserverlauf checken – wenn er zum Beispiel den konkreten Verdacht hat, dass ein Mitarbeiter es mit dem privaten Surfen übertreibt.
- **Keylogger:** Die engmaschigste Überwachung ermöglicht auf dem Dienstrechner installierte „Keylogger"-Software. Diese protokolliert jede Tastatureingabe und jede Mausbewegung und kann zudem in regelmäßigen Abständen den Displayinhalt speichern. Mit Keyloggern gewonnene Daten sind jedoch vor Gericht als Beweismaterial nicht zulässig, wie 2017 das Bundesarbeitsgericht entschied. Zur Begründung führten die Richter an, dass diese Form der Datenerhebung massiv in das Recht auf informationelle Selbstbestimmung eingreife (BAG, Az. 2 AZR 681/16).
- **Webcamaufnahmen:** Angestellte über die Kamera des Arbeitsrechners zu kontrollieren, um zu prüfen, ob sie wirklich arbeiten – für Überwachungsprogramme wie Employee Monitoring und Time Doctor stellt das kein Problem dar. Erlaubt ist ein solches Vorgehen jedoch nur unter engen Voraussetzungen, beispielsweise wenn der Arbeitgeber den Verdacht hegt, dass ein Mitarbeiter bei der Arbeitszeiterfassung betrügt und der Einsatz der Kamera das einzige Mittel darstellt, um Verstöße nachzuweisen. In jedem Fall ist die Überwachung nur für begrenzte Zeit zulässig. Heimliche Aufnahmen ohne konkreten Anlass sind in jedem Fall rechtswidrig.

Steuern sparen im Homeoffice

Das Heimbüro kann bei der Abrechnung mit dem Finanzamt kräftig zu Buche schlagen. Am meisten profitiert, wer zum Arbeiten ein separates Zimmer nutzt.

Die Kosten für sein Arbeitszimmer korrekt von der Steuer abzusetzen, ist eine Wissenschaft für sich. Daran hat auch der Homeoffice-Boom in der Corona-Krise nichts geändert. Hinzu kommt: Viele Angestellte, die über Monate zu Hause arbeiteten, haben gar kein Arbeitszimmer – und Ausgaben für Arbeitsecken erkennt der Fiskus nicht an. Damit nicht genug: Wer nicht mehr jeden Tag ins Büro gefahren ist, muss bei der Entfernungspauschale eine deutlich niedrigere Anzahl an Tagen angeben als früher und hat deshalb niedrigere Fahrtkosten.

Jetzt die guten Nachrichten: Wer auf eigene Rechnung in einen Computer oder Monitor, einen Schreibtisch oder ein Regal investiert hat, kann diese Ausgaben geltend machen. Und: Für die Corona-Jahre 2020 und 2021 gewährt das Finanzamt einen zusätzlichen Kostenabzug in Form der so genannten Homeoffice-Pauschale.

Homeoffice-Pauschale

Die Homeoffice-Pauschale kann jeder Arbeitnehmer geltend machen, der während der Pandemie – also in den Jahren 2020 und 2021 – zu Hause gearbeitet hat. Damit sollen alle Mehrkosten abgegolten werden, die durch die Heimarbeit angefallen sind, also zusätzliche Ausgaben für Strom, Heizung, Internet etc. Wichtig: Wer Kosten für ein Arbeitszimmer (siehe S. 166) geltend macht, kann die Pauschale nicht zusätzlich nutzen. Pro vollem Homeoffice-Tag gewährt der Fiskus 5 Euro. Abrechnen lassen sich maximal 600 Euro – also pauschal 120 Arbeitstage. Wer also zum Beispiel 95 Arbeitstage im Homeoffice war, kann 95 x 5 Euro (= 475 Euro) als Werbungskosten geltend machen.

Apropos Werbungskosten: Hier wirken sich ausschließlich selbst getragene Kosten über 1000 Euro steuermindernd aus, da der Arbeitgeber diesen Betrag, den „Arbeitnehmer-Pauschbetrag", bereits beim Abzug der Lohnsteuer berücksichtigt. Es gilt also, mit der Homeoffice-Pauschale und den anderen Ausgaben für den Job die 1000-Euro-Grenze zu knacken. Das dürfte vielen nicht schwerfallen, denn auch Fahrtkosten ins Büro (0,30 Euro x Zahl der Arbeitstage im Büro x Länge des einfachen Arbeitswegs) sowie Ausgaben für Arbeitsmittel (siehe S. 168) zählen zu den Werbungskosten.

Wer zum Beispiel an 100 Tagen im 20 Kilometer entfernten Büro war, rechnet 0,30 x 100 x 20 (= 600) und hätte zusammen mit

Checkliste

Wann Sie Ihr Arbeitszimmer absetzen können

- ☐ **Lage und Funktion:** Mein Arbeitszimmer ist seiner Lage, Funktion und Ausstattung nach in meine/unsere häusliche Sphäre eingebunden und wird nahezu ausschließlich beruflich genutzt.
- ☐ **Räumliche Trennung:** Das Arbeitszimmer ist von den übrigen Wohnräumen abgetrennt. Die restliche Wohnung ist noch ausreichend groß für meinen/unseren Bedarf.
- ☐ **Ausstattung:** Ich nutze mein Arbeitszimmer so gut wie nie privat. Das lässt sich an der Ausstattung ablesen, die zum Beispiel lediglich aus Schreibtisch, Bürostuhl, Regalen, Büchern und Computer besteht.

den 475 Euro Homeoffice-Pauschale die 1000-Euro-Grenze bereits überschritten. Wichtig: Fernpendler können für 2021 sogar mehr absetzen: Ab dem 21. Kilometer beträgt die Entfernungspauschale 0,35 statt wie bisher 0,30 Euro.

Auch Selbstständige und Freiberufler profitieren von der Pauschale – sie können sie in derselben Höhe wie Angestellte als Betriebsausgabe geltend machen.

Arbeitszimmer

Aussicht auf einen deutlich höheren Steuerabzug hat, wer einen separaten Raum in Haus oder Wohnung zum Arbeiten nutzt. In diesem Fall erkennt der Fiskus die anteiligen Ausgaben für das Arbeitszimmer an. Dazu gehören:

- Miete und Nebenkosten
- Stromkosten
- Hausratversicherung

Tipp: Ausgaben für Renovierung, Tapeten, Gardinen und Teppich ziehen Sie voll ab, da diese nur für den Raum selbst und nicht für die ganze Wohnung entstehen!

Handelt es sich bei Haus oder Wohnung um selbst genutztes Eigentum, lassen sich abrechnen:

- **Gebäudeabschreibung** (AfA), in der Regel 2 Prozent der Herstellungs- und Anschaffungskosten (ohne Grundstückskosten)
- **Finanzierungskosten** (Darlehenszinsen)
- **Nebenkosten** (Versicherungen, Grundsteuer, Heiz- und Stromkosten etc.)

Tipp: Um die Ausgaben zu ermitteln, die auf Ihr Arbeitszimmer entfallen, berechnen

Sie zunächst den prozentualen Anteil des Zimmers an der gesamten Wohnfläche. So rechnen Sie: Fläche des Arbeitszimmers : Gesamtfläche der Wohnung x 100. Mit diesem Prozentsatz können Sie laufende Kosten wie Miete, Heizkosten, Strom und Müllabfuhr jeweils anteilig auf Ihr Arbeitszimmer umlegen.

Wie viel insgesamt bei der Steuer mitzählt, hängt davon ab, wie viel Sie im Homeoffice arbeiten.

- **Das Heimbüro ist Mittelpunkt der Tätigkeit.** Wer mit seinem Arbeitgeber vereinbart hat, dass er überwiegend daheim arbeitet, kann für die jeweiligen Monate die anteiligen Kosten für das häusliche Arbeitszimmer in unbegrenzter Höhe ansetzen – egal ob er Vollzeit oder Teilzeit arbeitet. Wichtig ist aber, dass man zum Beispiel in einer Fünf-Tage-Arbeitswoche an mindestens drei Tagen zu Hause gearbeitet hat. Selbstständige und Freiberufler, für die diese Voraussetzung gilt, können ebenfalls die vollen Kosten für ihr Arbeitszimmer geltend machen.
- **Das Heimbüro ist nicht Mittelpunkt der Tätigkeit.** Anders liegt der Fall, wenn man beispielsweise nur zwei von fünf Arbeitstagen in der Woche zu Hause arbeitet – und einem an diesen Tagen kein anderer Arbeitsplatz zur Verfügung steht. Dann erkennt das Amt maximal 1250 Euro im Jahr steuermindernd an. Normalerweise betrifft das vor allem Lehrer und Außendienstler – in den Corona-Jahren jedoch weitaus mehr Arbeitnehmer.

Tipp: Nutzen Sie das heimische Büro zu 10 Prozent oder mehr privat, können Sie keine anteiligen Ausgaben dafür geltend machen. Das Heimbüro muss zudem ein abgetrennter, wie ein Büro eingerichteter Raum sein – eine Arbeitsecke genügt nicht (siehe Checkliste links).

Auf Nachfragen vorbereiten. Rechnen Sie zum ersten Mal Kosten für ein Arbeitszimmer ab, wird das Finanzamt wahrscheinlich nachfragen. Bereiten Sie sich darauf vor, indem Sie einen Grundriss beschaffen, aus dem die Fläche des Arbeitszimmers und die Größe der restlichen Wohnung hervorgehen. Auch Ausgaben für Ihr Arbeitszimmer sollten Sie belegen können. Lassen Sie sich vom Chef schriftlich geben, dass Sie aus räumlichen oder organisatorischen Gründen zu Hause arbeiten und Ihnen für manche Aufgaben kein anderer Arbeitsplatz zur Verfügung steht.

Schneller Überblick

Mit **Homeoffice-Pauschale, Fahrtkosten zur Arbeit** und den Ausgaben für **Büromöbel und Arbeitsmittel** ist für viele eine **Steuerersparnis** drin. Stellen Sie sicher, dass Sie dem Finanzamt auf Nachfrage Infos zum Arbeitszimmer sowie Kaufbelege präsentieren können.

Möbel, Technik, Bürobedarf

Auch mit Anschaffungen für den Job lässt sich die Steuerlast drücken – ein anerkanntes Arbeitszimmer ist dafür keine Voraussetzung. Das Finanzamt erkennt im Einzelnen an:

- **Büromöbel** (zum Beispiel Schreibtisch, Bürostuhl, Regal, Rollcontainer)
- **Technische Ausstattung** (zum Beispiel Laptop, Monitor, Drucker, Telefon, Kabel)
- **Bürobedarf** (zum Beispiel Druckerpapier, Druckerpatronen, Stifte)

Ausgaben für Arbeitsmittel zählen ebenfalls zu den Werbungskosten.

Tipp: Sind Sie weiterhin auch an Ihrem Arbeitsplatz tätig, zum Beispiel auf einer Baustelle oder in einer Arztpraxis, können Sie auch die Aufwendungen für spezielles Werkzeug, Schutzkleidung, Laborkittel und Ähnliches steuerlich absetzen.

Wichtig: In voller Höhe steuerlich absetzbar sind Kosten für Arbeitsmittel, die zu mindestens 90 Prozent beruflich genutzt werden. Geräte wie PC und Telefon zählen noch als Arbeitsmittel, wenn sie wenigstens zur Hälfte beruflich genutzt werden. Kosten lassen sich dann anteilig geltend machen. Wer etwa sein Telefon zu 80 Prozent für den Job nutzt, darf 80 Prozent der Kosten als Werbungskosten ansetzen. Selbstständige und Freiberufler tragen ihre Aufwendungen in der Gewinn- und Verlustrechnung bei den Betriebsausgaben ein.

Arbeitsmittel, die ohne Mehrwertsteuer 800 Euro oder mehr (inklusive 19 Prozent Mehrwertsteuer also mindestens 952 Euro) kosten, durften bislang nicht auf einen Schlag abgesetzt werden, sondern waren über ihre Nutzungsdauer abzuschreiben. Das bedeutet: Der Kaufpreis musste gleichmäßig auf einen bestimmten Zeitraum verteilt und „stückweise" abgesetzt werden.

Eine Orientierung über die von Finanzämtern akzeptierten Nutzungsdauern liefert die im Internet verfügbare Tabelle zur „Abschreibung für Abnutzung (AfA)" des Bundesfinanzministeriums. Da diese jedoch aus dem Jahr 2001 stammt, war sie bereits vor Corona nicht mehr verbindlich. Aus der Tabelle gehen beispielsweise folgende Nutzungsdauern hervor:

- **Büromöbel / Bürostuhl:** 13 Jahre
- **Kopierer:** 7 Jahre
- **Smartphone:** 5 Jahre
- **Laptop / Computer:** 3 Jahre

Steuervorteil
Wer Arbeitsmittel wie Laptop und Drucker aus eigener Tasche bezahlt, darf das Finanzamt an den Kosten beteiligen.

Achtung: Infolge von Pandemie und Homeoffice-Boom gilt ab sofort eine neue Rechtslage. Laut Beschluss der Bundesregierung vom 19. Januar 2021 lassen sich die Anschaffungskosten für „digitale Wirtschaftsgüter" unabhängig vom Kaufpreis in voller Höhe bereits im Jahr der Anschaffung absetzen.

Dafür verkürzte das Bundesfinanzministerium die Nutzungsdauern auf ein Jahr. Die Regelung gilt rückwirkend zum 1. Januar 2021 für Desktop- und Laptop-Rechner, Tablets, externe Speicher- und Datenverarbeitungsgeräte, notwendige Betriebs- und Anwendersoftware sowie Ein- und Ausgabegeräte wie Maus, Tastatur, Scanner, Monitor und Mikrofon – nicht aber Smartphones.

Tipp: Wenn Sie noch digitale Geräte abschreiben, die Sie vor 2021 angeschafft haben, machen Sie in der Steuererklärung für 2021 den Restwert auf einen Schlag geltend. Außerdem entsprechen Nutzungsdauern wie fünf Jahre für ein Smartphone oft nicht mehr der Realität. Sie können dann die tatsächliche Dauer ansetzen, sollten dies dem Finanzamt jedoch begründen können.

Wichtig: Die Neuregelung gilt nicht für Büromöbel. Diese sind weiterhin nur bis zu einem Bruttokaufpreis von 952 Euro sofort absetzbar. Haben Sie sich im Juli 2021 einen Schreibtisch für 1200 Euro zugelegt, können Sie in der Steuererklärung 2021 lediglich die Kosten für sechs Monate geltend machen. So rechnen Sie: 1200 Euro Kaufpreis : 156 Monate (13 Jahre AfA-Nutzungsdauer) = 7,69 Euro pro Monat. Diesen Wert multiplizieren Sie mit sechs Monaten und kommen folglich für 2021 auf insgesamt 46,15 Euro. Für 2022 bis 2033 machen Sie jeweils 92,30 Euro (12 Monate x 7,69 Euro) und für 2034 die verbleibenden 46,15 Euro geltend.

Stichwortverzeichnis

E

F

G

H

I, J

K

L

T

U

V

W

Y, Z

Rat und Hilfe per Mausklick

test.de Ob Saugroboter oder Energiesparlampe, ob Notebook oder Antivirensoftware – auf der Website der Stiftung Warentest finden Sie viele aktuelle Tests, unter anderem aus den Bereichen Haushalt, Multimedia, Gesundheit und Ernährung. Diese können Sie gegen eine geringe Gebühr oder im Rahmen einer Flatrate als PDF auf Ihren Rechner herunterladen. Bei der Auswahl neuer Haushalts- und Multimediageräte, zum Beispiel Geschirrspüler, Waschmaschine, Drucker oder tragbarer Computer helfen Ihnen zudem sogenannte Produktfinder. Diese fortlaufend aktualisierten Datenbanken enthalten Testergebnisse, Preise, Fotos und Ausstattungsmerkmale für aktuell getestete und noch erhältliche Modelle aus früheren Tests. Darüber hinaus sind auf der Website zahlreiche Informationen und Tipps aus allen Bereichen kostenlos verfügbar – vom Optimieren des eigenen Heimnetzes über das Haltbarmachen von Lebensmitteln bis zu Neuigkeiten aus dem Finanzbereich.

verbraucherzentrale.de Auf dem Internetportal der Verbraucherzentralen finden Interessenten kostenlose Informationen, unter anderem zu den Themen Geld und Versicherungen, Digitales und Energie. Wer sich von einem Experten persönlich oder telefonisch beraten lassen möchte, gelangt von dort auf die Seite der nächstgelegenen Verbraucherzentrale und kann sich Sprechzeiten, Rufnummern und Preise anzeigen lassen sowie einen Termin vereinbaren.

dguv.de Auf Ihrer Website stellt der Spitzenverband der Deutschen Gesetzlichen Unfallversicherung (DGUV) unter anderem Informationen zum Versicherungsschutz im Homeoffice sowie eine Checkliste für ergonomisches Arbeiten bereit. Wie sicheres und gesundes Arbeiten im Homeoffice gelingen kann, zeigen auch die Praxishilfen und Denkanstöße von kommmitmensch, der bundesweiten Präventionskampagne von Berufsgenossenschaften, Unfallkassen und deren Spitzenverband unter **kommitmensch.de,** Stichwort „Corona", „Herausforderung Homeoffice".

baua.de Die Bundesanstalt für Arbeitsschutz und Arbeitsmedizin (BAuA) bietet unter anderem die Broschüre „Zeit- und ortsflexibel arbeiten" zum kostenlosen Download an. Darin geht es um Chancen und Risiken bei verschiedenen Formen flexiblen Arbeitens wie Homeoffice, Arbeit auf Abruf oder erweiterte Rufbereitschaft. Im Zentrum der Publikation stehen arbeitswissenschaftliche Erkenntnisse zu Belastungen und gesundheitlichen Folgen. Die Broschüre gibt Unternehmen und Beschäftigten Hinweise, um die Gesundheit bei zeit- und ortsflexibler Arbeit zu schützen.

ifbg.eu Das Institut für betriebliche Gesundheitsberatung (IFBG), eine Ausgründung von Gesundheitsexperten der Universitäten Konstanz und Karlsruhe, unterstützt Unternehmen und Einrichtungen des Öffentlichen Dienstes mit Bedarfsanalysen zum Thema Betriebliche Gesundheitsförderung. Auf seiner Internetseite stellt das IFGB umfangreiche Informationen zu Bereichen wie „Stress und Digitale Balance", „Schlaf und Erholung" sowie „Bewegung und Ergonomie" zur Verfügung. Um Beschäftigten fundierte Kenntnisse zu allen Aspekten des Arbeitens im Homeoffice zu vermitteln, bietet das IFBG einen aus acht Modulen bestehenden Homeoffice-Führerschein mit abschließendem „Home-Diplom" an – mit zahlreichen Übungen, Tipps und Hintergründen auf wissenschaftlicher Basis.

bsi.de Das Bundesamt für Sicherheit in der Informationstechnik (BSI) informiert unter dem Titel „Sicheres mobiles Arbeiten" in einer Broschüre über Sicherheitsrisiken und Strategien zu deren Eindämmung. Die BSI-Empfehlungen zur Cyber-Sicherheit enthalten unter anderem Hinweise zum Zutritts- und Zugriffsschutz im Homeoffice sowie zu sicherheitstechnischen Anforderungen der eingesetzten IT-Systeme.

bfdi.de Die Website des Bundesbeauftragte für den Datenschutz (BfDI) stellt Material zum Thema Datenschutz für Unternehmen und Mitarbeiter zur Verfügung, darunter Basiswissen zu Rechten und Pflichten von Beschäftigten sowie die Broschüre „Telearbeit und mobiles Arbeiten". Letztere gibt einen auch für Laien verständlichen Überblick über verschiedene Arten schützenswerter Daten, Risiken bei der Arbeit mit diesen Daten sowie den datenschutzkonformen Umgang mit ihnen.

dge.de Auf der Grundlage von Forschungsergebnissen erarbeitet die Deutsche Gesellschaft für Ernährung e. V. (DGE) für Deutschland gültige Ernährungsempfehlungen und Aussagen. Die DGE-Qualitätsstandards unterstützen die Verantwortlichen in Betrieben, Krankenhäusern und Schulen beim Angebot einer vielfältigen und ausgewogenen Ernährung. Unter dem Menüpunkt „Bevölkerungsgruppen – Berufstätige" finden Arbeitnehmer unter anderem Hinweise zum „Essen am Arbeitsplatz und in der Kantine" sowie zum Thema „Clever essen und trinken auf Reisen".

in-form.de Deutschlands Initiative für gesunde Ernährung und mehr Bewegung bietet im Internet neben umfangreichem Wissen zum Thema Ernährung (u. a. zu alternativen Eiweißquellen, Fetten, Zucker) auch vegetarische und vegane Gerichte und viele Rezepte mit Fisch und Fleisch.

Die Stiftung Warentest wurde 1964 auf Beschluss des Deutschen Bundestages gegründet, um dem Verbraucher durch vergleichende Tests von Waren und Dienstleistungen eine unabhängige und objektive Unterstützung zu bieten.

Wir kaufen – anonym im Handel, nehmen Dienstleistungen verdeckt in Anspruch.

Wir testen – mit wissenschaftlichen Methoden in unabhängigen Instituten nach unseren Vorgaben.

Wir bewerten – von sehr gut bis mangelhaft, ausschließlich auf Basis der objektivierten Untersuchungsergebnisse.

Wir veröffentlichen – anzeigenfrei in unseren Büchern, den Zeitschriften test und Finanztest und im Internet unter www.test.de

Der Autor: Christian Eigner ist freier Journalist und Autor mit dem Schwerpunkt Verbraucherthemen. Er arbeitet regelmäßig für die Zeitungen test und Finanztest. Für Stiftung Warentest hat Christian Eigner bereits mehrere Ratgeber verfasst, unter anderem „Haushalt nebenbei“ und „Grüner leben nebenbei“.

Stiftung Warentest
Lützowplatz 11–13
10785 Berlin
Telefon 0 30/26 31–0
Fax 0 30/26 31–25 25
www.test.de
email@stiftung-warentest.de

USt-IdNr.: DE136725570

Vorstand: Hubertus Primus
Weitere Mitglieder der Geschäftsleitung:
Dr. Holger Brackemann, Julia Bönisch,
Daniel Gläser

Programmleitung: Niclas Dewitz

Autor: Christian Eigner, Berlin
Projektleitung: Lisa Frischemeier
Lektorat: Kathrin Nick, Köln
Mitarbeit: Merit Niemeitz

Korrektorat: Sebastian Stapf, Potsdam
Fachliche Unterstützung: Henning Withöft;
Alexander Bredereck, Lichtenow
Titelentwurf: Josephine Rank, Berlin
Layout: Büro Brendel, Berlin
Grafik, Satz, Bildredaktion, Infografiken:
Annett Hansen, Berlin
Bildnachweis: Gettyimages (Titel); Inhalt: Gettyimages: S. 5, 10, 53, 58, 91, 115, 150, 152; shutterstock: S. 4, 5, 28, 39, 41, 43, 86, 92, 125, 126, 134, 163, 169; AdobeStock: S. 94, 107, 109, Stiftung Warentest: S. 135

Produktion: Vera Göring
Verlagsherstellung: Rita Brosius (Ltg.),
Romy Alig, Susanne Beeh
Litho: tiff.any, Berlin
Druck: brandenburgische universitätsdruckerei, potsdam

ISBN: 978-3-7471-0484-2

Wir haben für dieses Buch 100% Recyclingpapier und mineralölfreie Druckfarben verwendet. Stiftung Warentest druckt ausschließlich in Deutschland, weil hier hohe Umweltstandards gelten und kurze Transportwege für geringe CO_2-Emissionen sorgen. Auch die Weiterverarbeitung erfolgt ausschließlich in Deutschland.